谁都没资格，轻易否定我

嵇振颉

著

台海出版社

图书在版编目（CIP）数据

谁都没资格，轻易否定我 / 嵇振颉著 . — 北京：
台海出版社，2019.5
ISBN 978-7-5168-2330-9

Ⅰ . ①谁… Ⅱ . ①嵇… Ⅲ . ①成功心理—通俗读物
Ⅳ . ① B848.4-49

中国版本图书馆 CIP 数据核字 (2019) 第 070783 号

谁都没资格，轻易否定我

著　　者：嵇振颉
责任编辑：武　波　童媛媛　　　　　装帧设计：末末美书
版式设计：末末美书　　　　　　　　责任印制：蔡　旭

出版发行：台海出版社
地　　址：北京市东城区景山东街 20 号　邮政编码：100009
电　　话：010 — 64041652（发行，邮购）
传　　真：010 — 84045799（总编室）
网　　址：www.taimeng.org.cn/thcbs/default.htm
E-mail：thcbs@126.com

经　　销：全国各地新华书店
印　　刷：天津中印联印务有限公司
本书如有破损、缺页、装订错误，请与本社联系调换

开　　本：710mm×1000mm　　　　　1/16
字　　数：162 千字　　　　　　　　印　张：14
版　　次：2019 年 5 月第 1 版　　　印　次：2019 年 5 月第 1 次印刷
书　　号：ISBN 978-7-5168-2330-9
定　　价：39.80 元

目 录

第五章　你不放弃，没有人会轻易否定你

第六章　学会与这个世界独处

第七章　高 EQ 是永不失效的通行证

第一章

感谢现在不将就的自己

未来的你，终将感谢现在不将就的自己

记得有位奥运冠军接受采访时，说过一句让人印象深刻的话："我只想睡上三天三夜，期间没有人打扰我。"可以想象通往冠军的路途中，他透支了多少精力和体力。人在本能上贪图舒适和安逸，一旦离开压力源，被压抑的本性就会从心灵之海的深处显露出来。

金牌选手意志坚强，尚且还有"偷得浮生半日闲"的懒散之心。作为芸芸众生的我们，当然是"能躺着不坐着，能坐着不站着"。下班回到家，直接躺在沙发上，百无聊赖地摆弄手机，兴致勃勃地在朋友圈里留下印记，接着和密友们问候一通，继续早高峰挤地铁时没看完的韩剧或美剧，为男女主人公的命运揪心；再不然化身虚拟世界中的强者，在敌人血肉横飞中体会升级的快感。

这种将就和懒散，让你只能停留在现有的格局和空间中。

朋友莫莫说话的声音特别好听，人也长得非常漂亮。有次读书会上，她带着刚出版的新书，与大家分享这些年一路走来的历程。美女＋才女

的霸气组合，大家都忍不住对她多加关注。

英雄不问出处，莫莫从不忌讳别人问到毕业于哪所高校。那是一所说三遍也记不住的大学，读的是"行政管理"这种万金油的专业。莫莫只能以最普通卑微的姿态进入职场。她干的工作就是每天整理整理文件、帮领导安排各类行程等技术含量很低的活儿。

或许，这就是很多毕业生的"职场初体验"——忙死，但不知道在忙什么。起初，莫莫感到无比迷茫、困惑。难道未来的几十年，注定只能在无意义的喧嚣、繁忙中慢慢消磨吗？

没人能给出现成答案。

一天，她对同样平庸的老公说："我不想继续这样的生活了，我要改变。"

老公用惊诧的眼神看着她说："我没做什么对不起你的事呀！"

她扑哧一声笑了，说出想改变的方向。老公如释重负，承担了全部家务。

那时，她的肚子里已经有了六个月大的孩子，她不是一个人去听课。她挺着大肚子现身于在职研究生班的课堂上。

老师的讲课戛然而止，其他同学要么放下手机，要么从恍惚走神中清醒过来，以一种意外发现宝藏的眼神看着她。

她以一副真金不怕火炼的无畏姿态，大方地坐到教室第一排，打开那本粉红色封面的笔记本，这是她最喜欢的颜色。在之后的学习中，无论是听课、做笔记、写论文，每一样她都力求做到极致。

如果说学习是输入，那么写作便是输出。她开始写稿子，给杂志写稿子，为各种微信公众号码字。

微信公众号是很多草根作者逆袭的平台。自媒体时代，人人都可以是编辑和作者，两者的界限正在模糊。过了投稿阶段，莫莫开了自己的公众号，把它当作初生的婴儿一样呵护。

找选题、找素材、图文编辑排版……每一样都颇费心力，相信很多自媒体人都曾为一个选题、一个标题抓耳挠腮过。

由于有心理学专业背景，她的作品中有专业的眼光提供的满满的干货，很受读者欢迎。诞生一篇篇阅读量超过 10 万的爆文后，有出版社邀约她出书。

众人以一种仰视的姿态看着讲台上神采奕奕的她。何曾想到几年前，她和大家一样，灰头土脸地忍受老板的刁难和责骂。

她以一颗不将就的心，对那些老板和上司说"不"。任何生命的绚烂，往往就是从不满足现状的想法开始的。

认识席越，是从邂逅"遇言·不止"这个平台开始的。这个平台被称作"中国版的女性 TED Talks（TED 大会）"，创始人席越，同样是自带光环的大咖。

席越曾经在《21 世纪经济报道》工作过，也曾在一家美国知名金融机构担任过分析师，有爱自己的丈夫、两个漂亮清纯的混血女儿，她过上了天堂般的日子。

可席越依旧不肯满足：自己所做的工作是自己想做的工作吗？

驱使席越走出舒适圈的，是一次俱乐部活动。活动中，席越和土豪车主以及他们的女朋友一一握手。一圈手握完，席越独自一人来到旁边的沙发上，一边品着高档红酒，一边静静看着这些土豪的女朋友。

这些女孩子都可以称得上是美女。不过除了高矮胖瘦不一样之外，长相几乎一模一样，好像是亲姐妹。再仔细看，她们似乎都去整过容，不然怎么会长得如此之像。

和那位朋友聊起这些，对方也很困惑地说："这些女孩子怎么会这样？她们似乎用尽各种心思来取悦土豪男友，从另一个侧面反映出她们的内心是空虚的、不自信的。"

前几次回国，席越发现国内的女生承受着很大的心理压力。

那些已经结婚的女生，成天讨论如何驾驭老公，防范潜在的"小三"。那些没结婚的女生，会被冠以"剩女"等称号。每到过年过节，就会被家人朋友以各种方式"逼婚""催婚"。难怪那么多单身女生害怕回家，原来是害怕老妈和七大姑八大姨使出各种"逼婚大法"。

但是人生只有婚姻这样一件大事？女生该不该把下半辈子所有幸福的赌注都押在恋爱相亲上？

这个崇尚包容的年代，不该以婚姻来评价一位女性的价值。丰富多彩的生活，绝不仅仅局限于恋爱婚姻家庭，女性朋友们应该走向更广阔的世界。要做到这点，大家应该用更自信、更有安全感的方式来提升自己。

别人说再多，也不如有一位女性站出来，讲述自己真实的故事更有影响力。而席越选择了 TED Talks 视频媒体的方式。

经过几个月的筹备，"遇言·不止"于 2015 年 10 月正式上线，一年后获得娱乐工场 275 万元的天使轮融资。创办不到两年，平台全网播放量将近 1 亿次，单个视频最高播放量高达 400 万次。

相信每个人的一生中，都有过这样触及灵魂深处的时刻。不同的是，席越将其变成一股改变自己和改变他人命运的动力。

敢于走出舒适圈的勇气，让未来充满各种激动人心的可能性。

经常去的健身房，很多五六十岁的阿姨长时间坚持练习瑜伽。每次看到她们吃力地做着各种瑜伽体式，就会心疼地劝她们不要这么拼命。

她们抹了抹脑门上因为撕心疼痛而渗出的汗珠，一边练习一边说："我现在不练，不吃这点苦，今后吃的苦会比现在多十倍、百倍。"

健身是为今后的人生投资，尽管这个过程很虐心，但未来10年、20年，你能比同龄人身体更轻盈、更健硕，这份收获会让你感谢当初吃的苦。

正如蔡崇达在《皮囊》中所说："肉体是拿来用的，不是拿来伺候的。"对自己适度狠一点，才会迎来万紫千红的明天。

未来的你，终将感谢现在不将就的自己。请记住，要讲究而不要将就。将就的人生，必将是一条不断下滑的抛物线；而讲究的人生，将会画出一道触底反弹的优美弧线。

增大"能力碗"，才能安放心中梦想

"梦想"这个词，常常挂在众人嘴边。

心向远方，对于未来有着明确的规划。有梦想很好，任何卓越都是从某个小想法中破土而出，最终长成一株直刺苍穹的大树。可是，梦想需要现实空间来承载。你的"能力碗"，是否能装得下心中谋划好的那段宏大叙事？

或许这是很多人感叹"理想很丰满，而现实很骨感"的根本原因。

就像下面这位小保安张争，通过增大自己的"能力碗"，活出了"保安"身份很难演绎出的人生轨迹。

18 岁开启北漂生涯，住地下室，吃穿住行节俭得不能再节俭。这些刻骨铭心的体验，即便到了老得走不动的年岁也不会抹去。

年轻的张争只有一身力气，除此之外什么都缺。这样的"三无"人员，只能对着清冷的月光，流下苦涩的眼泪。

就在这天下午，张争被黑中介骗掉几百元钱。

来到这个陌生城市前，他对世界上的人情冷暖缺乏认知。那个身材臃肿的中年男子，正是看中这个不谙世情的愣头青，把虚无缥缈的岗位描绘得天花乱坠："你别再犹豫了，这么好的工作！"对方在"好"这个字上加了重音，仿佛过了这村就没有那店，能摊上我这尊财神，是你上辈子修来的福气。

张争乖乖地摸出几张皱巴巴的一百元人民币。回到住处后，那个男子就像是从人间蒸发了一般，再无踪影。

好在同住一室的兄弟可怜他，才得以进入装修工程队。每天和富含甲醛的涂料打交道，才几天他身上就出现过敏症状——呼吸道瘙痒，不停咳嗽，还发起高烧……

没钱看病，只能硬撑。熬了几天，热度还没有减退。这一刻，他有了死亡临近的错觉。

室友们七手八脚地把他送进医院，出院后只好辞职不干。

钱以后可以再赚，命没了，一切皆是虚谈。

几天后，张争穿着保安服站在小区门口。

脚上那双皮鞋，晴天穿，下雨天也穿。仅过了三个月，鞋底断裂脱落。他穿着只有鞋帮的鞋子，硬是撑了大半个月。雨鞋不透气，那双可怜的脚捂得难受，才几天就肿得像馒头。再过半个月，脚趾头全部磨破，血肉模糊。

有天晚上，保安队长看到那双"伤痕累累"的脚。面对休假的善意提醒，他却倔强地说"没事"。

肉体上受伤还不算什么，精神上的伤害更加刻骨铭心。

　　这天他在站岗，一位老太太带着孙子从他身旁走过。孙子不好好走路，不停地在他身边打转，发出怪叫，还做着各种鬼脸。

　　老太太很生气，指着满脸微笑的他说："你再不好好走路，长大后跟他一样当保安。"

　　这句话，直戳心窝。想上去争辩，但是他哪有这个资格？理智阻止了反抗的意志，只能微笑着送走祖孙俩。

　　到了一年一度的春运，张争思乡之情更加强烈。但是工作要求他必须坚守在岗位上，不能和家人团聚。好在他喜欢唱歌，乡愁最浓烈的时候，歌声成为他最大的慰藉。

　　张争在街心花园练歌时，身旁突然多了一位认真倾听的长者。一曲唱毕，这位长者说："年轻人，嗓音条件不错，不过还需要接受专业训练。我是搞音乐的，想不想跟我学？"长者掏出一张证件，上面写着"音乐家协会"的字样。

　　"愿意！愿意！"他兴奋得像个孩子。

　　这位长者免费教他唱歌，寻找音乐制作人给他量身定做歌曲。每天除了工作，其余时间他都花在唱歌上。

　　唱了两三年，他无意间看到《星光大道》栏目的海选招募函。报了名，也没想到会被邀请登上那个万众瞩目的舞台。

　　一个电话，把目力不及的奢望变成现实。舞台上，一首《山丹丹花开红艳艳》，他演绎得声情并茂。评委们不买账，第一关就惨遭淘汰。尽管带着微笑离开这个舞台，却难掩心中失落。

　　"或许我一开始就错了，不该异想天开。"

生活慢慢回到以前的轨道，上岗、出勤、回到出租房休息、偶尔再练练嗓子。

有一天帮同事顶班，从前一天晚上十点一直到第二天晚上六点才下班。整整二十个小时，身心俱疲，一沾到床铺就想睡觉。迷迷糊糊时，手机铃声响了。

张争还以为工作上有紧急事务需要处理，然而来电显示"星光大道栏目组"。他惴惴不安地按下接听键："恭喜你，有机会以挑战者身份参加月赛。三天后就要比赛，祝你好运。"

为了抓紧一切时间准备节目，为了不打搅室友，张争只能半夜去厕所唱歌。

再次登上舞台，他犹如孩子般纯真的笑脸，缠绵动人的低音，独具风味的民歌唱法，以及质朴、憨厚和搞笑的表演风格，征服了所有评委和听众。

他毫无意外地火了，生活给了他几巴掌，终于良心发现送来一颗糖果。

随后，他的一首以小保安为题材的单曲，赢得不少圈内人士的好评。也许不是专业科班出身，但这份异于都市的山野之气，带有一份摄人心魄的魅力。如吃惯山珍海味的城里人，想尝几口农家风味的土菜。

在演唱事业摸爬滚打快三年，他迎来这场在家乡父老面前的演唱会。现场来了3万人，尽管有着丰富的舞台经验，在父老乡亲面前他还是有些懵，第一首歌的头一个音符就没有达到理想效果。因为里面有最熟悉的人，对他知根知底，能绵延到小时候穿着开裆裤的时光。他害怕丢脸，好在他的唱功没让大家失望。

他的梦想，终于被父母承认，终于被越来越多的普通大众承认。从小保安到新锐歌手的一跃，他以一种惊人的姿态顺利完成。

还有一位 90 后创业者，做动画的。读大学时，他和几个同学成立了自己的工作室，当时只是把动画创作当作兴趣来做。

后来正式成立公司，就和学生阶段完全两样了。公司经营状况的好坏，直接关系到自己和几位兄弟的生存。必须有明确的定位，这样公司的发展才不会走偏。

他心里很清楚，自己从学校刚毕业，没资源，没人脉，也缺少项目经验，马上做动画电影不现实，实力上根本达不到。所以只能采取"曲线救国"的方式——先接一些外包，一方面养活自己，一方面积累项目经验。

他将公司主要定位在集影视广告、游戏 CG、产品动画、建筑动画、企业宣传、形象设计于一体的综合性专业三维动画制作方面。要实现这个目标，首先要将作品呈现给普通受众。

由于和影视制作领域最接近，他把更多精力花在游戏 CG 上。他的首部作品名叫《我要飞》，讲述大学生渴望摆脱束缚、追逐心中梦想的美好愿望。这是一部类似游戏 CG 的作品，花了近两个月时间，比平时创作时间足足多了近一倍。慢工出细活，这部作品荣获上海大学生电视节的紫丁香大奖。

很快，他接到了第一部游戏 CG《小小忍者》的订单。对方给的时间很紧，只有不到一个月。那段时间，他和伙伴们吃住都在办公室。矿泉水、面包、方便面，就是他们所有的食粮。

有时候觉得精神压力过大，就对着墙壁吼两嗓子。整个团队就像一群疯子，为了按时完工，所有人的作息时间都打乱了。最终，这部作品赢得了业界良好口碑。

近三年的时间里，他和团队成员每周工作 6 天，每天从上午 10 点一直做到晚上 12 点多。他整整在公司里睡了 3 年，每周就回去 1 天换衣服。

几年的辛劳换来了丰厚的回报，他的公司成了腾讯、盛大等大公司 CG 供应商。此外，他还经常和日本、法国、俄罗斯等国外顶级动画团队合作，学习国外先进的技术，吸收国外团队的管理、经营理念。每次任务完成后，团队成员都会凑在一起，总结彼此的收获和经验。

公司第一年的盈利达到 200 万元。作为大学生首次创业，能取得这样的成绩着实不易，但他的心里危机感很强。因为以外包业务为主，这样的经营方式，200 万元的业绩几乎触及天花板。再不寻求突破，很容易被产业浪潮所淹没。

他带领团队开始转型，不再接外包，而是专心打造自己的原创动画。

首部原创动画《森果精灵》，是以各类水果为原型创作的动画形象。崇拜虚拟偶像"光影超人"的蓝莓，在村子遭受虫虫军团的骚扰时挺身而出，为了保护村庄，与小伙伴们组建森林战队。与虫虫军团一次又一次的战斗中，蓝莓渐渐揭开了"光影超人"的秘密……

这部作品还未正式上线，就有订单送上门来。一家大型婴幼儿食品公司，他们觉得果精灵的动画形象很契合他们的企业文化，于是花重金购买。团队还吸引风险投资，原创动画的路似乎开局甚好。《森果精灵》上映后，取得不错的票房。

公司后期的发展路径却和设想的很不一样。

原创动画是包含前期、中期、后期诸多环节、极其复杂的脑力创作劳动。前期制作是整个项目的骨架设计，涵盖从整个项目的策划、市场定位、故事脚本、人物场景设计等。而中期环节是批量生产的环节，是拿到设计、台本后将其呈现出来的环节。

他过去一直注重画面，是一个典型的中期团队，但原创对前期要求更高。故事、设定、市场定位都很关键，这些正是他团队的薄弱环节。推广《森果精灵》后的几部原创作品时，他拿着画面精良的样片去融资，希望将前期团队建立起来。然而找了几十家天使投资机构，对方都没有投资意愿。

这时，团队内部也出现了问题，好几个核心成员由于家庭原因陆续离开，公司实力遭到重创。积蓄全都花完，依然没有得到后续资金，他只能无奈告别奋战 4 年的办公室。

团队解散后，他认真做了总结，发现自己犯了和市面上很多动画公司一样的通病——以中期为主，前期薄弱。太重视画面效果而忽略内容，对产品定位、故事剧本和设定没有用心去做，导致作品质量不能上一个新台阶。内容是原创动画作品的灵魂，没有内容做支撑，再好的画面效果也只是空中楼阁，难以获得持久的生命力。

此外，几年来高强度的工作，让团队成员身心疲惫，效率骤降。自己没有采取有效手段，舒缓员工巨大的身心压力。

太多主客观原因，说到底还是自己的"能力碗"不够大，只顾一时发展，终究会在某个时刻为过度膨胀还债。

他利用这段间隙时间充电，阅读了大量专业书籍，还去拜访一些专家教授。那天，他去拜访曾经教自己动画创作的专业课老师。这位老师听说他赋闲在家，于是，力邀他成为合伙人。

他和团队成员创作了针对学龄前儿童的动画系列片。该系列片主要讲述在魔法森林，人类女孩艾米和好朋友怪兽咕噜度过的每一天。他们在森林中探险、结交新朋友、热心帮助别人，给大家带来快乐。

创作过程中，他带着作品给专业人士看，听取他们的意见。他还把部分片段给身边朋友的孩子们看，直接听取目标受众的反馈。这么一点点收集意见，总结，调整，再搜集意见，再总结，反反复复地调整修改，才有了最终的作品。《艾米 & 咕噜》荣获 MIP JUNIOR 国际选拔冠军，这是首个中国作品在戛纳获得冠军。

这位年轻的创业者和很多成功人士一样，都曾经历被商海的巨浪吞噬。幸运的是，他及时意识到自身"能力碗"有限。很多时候，不是困难和危险主动远离，而是我们变得更强，让这些负面因素望而却步。

当梦想无法实现，不要马上去抱怨客观因素，而是要从主观上拷问自己：自己的"能力碗"是否足够大？如果答案是否定的，那就乖乖去努力吧。

你以为的绝路，走下去便是坦途

有一家沙拉店的味道，和其他地方很不一样。

每一粒藜麦、每一片熏牛肉、每一颗红腰豆和每一块小番茄，不是蔬菜水果加黏稠的蛋黄酱后胡乱搅拌的，而是掺进了制作者的心情。尤其是那款"热沙拉"，仅仅吃一口就让人停不下来。

谁也不会想到这家沙拉店的女老板，曾是一位浪迹天涯的行者。

那些探险者游走在人迹罕至的荒野，风餐露宿，随时可能被大自然打败。除了挑战生理极限，寂寞、孤独、不被人理解……各种心理问题也席卷而来。眼看走到绝路，却在坚持中迎来坦途。回首一路艰险，记忆中留下他人难以见到的最美景致。

读大学前，学业压力较重，她只能把更多心思花在学习上。而走进象牙塔，她彻底释放出灵魂中最真实、最野性的那部分。她不是一个循规蹈矩、安分守己的邻家女孩，她喜欢刺激的、充满不确定性的生活。因此，她选择远行。

大一寒假，她独自搭车去内蒙古草原。视野中，漫山遍野的绿色，而这片茫茫的绿色中，还点缀着云朵般的"奶白"。

草原上的早晨，太阳刚冒个头，乌云很快压过来。鸡蛋大的冰雹，噼噼啪啪打在身上。她无处躲避，被雹子砸得鼻青脸肿……

2008年汶川大地震，她怀着一颗悲悯之心深入重灾区，聆听灾民的悲欢离合，在帐篷里给当地小学生上语文课和数学课。

几个月后，她搭车来到雪域高原。望着圣洁的雪山，她情不自禁地落泪。从那年开始，她5次选择不同的线路进藏。西藏，已成为她的第二故乡。

但危险，总是在不经意时到来。她经过的地方，常常是荒无人烟的无人区。走在望不到头的路上，双腿发软、发飘，是个人都会情绪低落。塌方、泥石流……身边的大山，似乎对这个擅闯禁地的女孩很不满意，动不动就像个孩子般乱发脾气。

由于山地的垂直性气候，山脚处还春暖花开，穿着单薄衣服也会时不时冒点汗。到了山顶，却是沁骨的寒冷。

每次走到"绝境"，她都在心里对自己说："不要停下来，不要放弃。前方一定还有路，过了这一段就是坦途。"

天黑了，她只能瑟瑟发抖地熬到天明。她告诉自己："不能睡过去，否则会永远醒不来。"

最危险的一次是在滇藏线上，她坐在当地人驾驶的车上。路面结冰，车轮很容易打滑，行车难度很大，稍不留神就会发生意外。

雪花开始飘落，把周围变成白色的恐怖世界。来到一个之字弯，车子突然失去控制，眼看快要冲出山路，司机鬼使神差般地刹住了车。

此时，车身已经倾斜 45 度，探出半个身子。左边是峭壁，右边是万丈深渊，再有任何晃动，随时可能坠入深渊。

她声嘶力竭地叫喊，不让司机一个人下车，担心失去驾驶位的重量后，自己会和车一起翻下悬崖。好在这位司机沉着冷静，用尽全力往后倒车，避免了车毁人亡的悲剧。

身处险境，她还感觉不到什么。只有从旅行回来，才在现实和梦境的交错中体会到一阵阵后怕。或许，死神就匍匐在半米开外，稍微一个猛子就能将她扑倒在地。

然而她热爱自由，向往远方，有一颗不安分的心。旅途可以完全流露出自己最真实、最无知的一面，让她在无知中成长。她就是要把自己逼到绝路，然后绝处逢生。

她用文字详细记录着每一段旅程，带着一份释然。这些在他人眼中的绝路，她挺了过去，才有了如此绚烂的旅行经历。

不要以为她只是一个整天乱跑、只会找父母要钱的孩子。不旅行时，她每天打 4 份工，没有时间逛街、聚餐、约会。她更是一个学霸，拥有北大和港大双料学位。大四时没日没夜学英语，拼命申请国外大学。拿到了哈佛大学和剑桥大学的录取通知书，却最终出人意料地放弃了。

疯了！

就像她喜欢去冒险，又一次让自己走上一条其他人不愿意走的路。

拿到录取通知书前，她去了一趟清迈。被歹徒搞得束手无策，被一位新加坡男孩出手相救。

男孩带她去到当地的一家沙拉店，眼前景象让她惊呆。各种美味沙拉，彻底颠覆了她对沙拉的刻板印象。此后，她花8个月去了7个国家做学徒。

在摩洛哥，她懂得如何根据个人口味正确地选择、搭配沙拉食材；在意大利，声名远扬的退休大厨邀请她到家里做客，悉心教她如何做酱；在以沙拉为正餐的法国和美国，她开始酝酿将主食沙拉带到国内；而土耳其的油醋汁，让她深深爱上这种用橄榄油调出的优质滋味……

学习之旅结束，她开始张罗找店铺、装修、招人，开起第一家门店。她放出豪言："五年内让所有人把沙拉当主食，将沙拉店做成沙拉界的星巴克。"

饮食习惯是很难改变的，这种从娘胎里带来的习惯，牢牢地渗透进每个人的血液中。难怪很多人怀念"妈妈的味道"，哪怕那种味道本身并不好，营养价值也不高……

国人对于沙拉的印象，还仅仅停留在一道开胃小菜的层面。要让人们喜欢上沙拉，并将其当作主食，还有很长的路要走。既然是自己选的路，那就跪着也要走完。她把全部积蓄都押上去，每天后半夜入睡，第二天总能"满血复活"。

她要改良沙拉的配料……

在这个过程中，遇到过无数合作方、投资者。面对市场上涌动的热钱，常常会让初创者"缴械投降"，乖乖成为资本的奴仆。面对金钱的诱惑她也曾动摇过，但最终还是咬咬牙挺下来了。

她不想让自己手中的美食，成为批量化、流水线生产的产品。那样的产品没有温度，带着机器时代的傲慢。现代人被机器裹挟，渴望亲吻自然。而美食，就是连接自然的渠道。

她希望这条渠道，不要沾染急功近利。

她用了近一年时间，不断听取顾客的意见，改良沙拉配方，不断更新菜单，研发出独创的热沙拉。不做铺天盖地的宣传，仅靠口碑相传，开业第一个月就盈利，顾客回头率高达95%。

很喜欢她的这句话："我也不是没有质疑过自己，但坚持无非就是一件事——别回头。别回头，你以为的绝路，走下去便是坦途。"

多年旅行中，她不止一次走入绝境，却用勇敢和坚韧创造了一个个奇迹。创业做沙拉，她也是不留退路，并在开业后迎来坦途。

要选，就选别人不敢走的路，那里可能潜藏着最大的机遇。再者，人生始终四平八稳，多没意思。不搏一下，对不起这闪亮的青春。

眼下的烦恼里，藏着你的未来

阿强的人生总是那么顺坦。

论学习，他读的是 211 高校王牌专业，上到国家级、下至院系级奖学金全是囊中之物；论工作，大学毕业后进入一家国企，收入稳定、福利丰厚、工作压力也不大；论情感，女友比他小一届，美丽动人、温柔贤淑，是院系里的系花。阿强毕业后两年，他和女友正式结婚。

真是职场、情场，场场得意。估计身边人都会暗中妒忌：这么多好事，怎么都落到这小子头上了？

但这种没有烦恼的人生，真如一个貌美如花的女神，让每个人趋之若鹜吗？

几年后，阿强保持着四平八稳的状态。每天按部就班地工作，不需要耗费太多脑筋。下班后慵懒地回到家中，装模作样地到厨房慰劳妻子，象征性地做一些家务，身子便不由自主地来到电脑旁。

与他一同走进职场的一批人，有人当上主管、经理，有人积累工作经验后自己开公司，事业干得风生水起。

这下，他有些坐不住了，因为其他同龄人开始混出点模样了，他却还是碌碌无为。

于是，他报名参加了一个培训，学了几次就觉得累便开始翘课。他闲散惯了，哪里听得进枯燥的讲课？不一会儿，就开始哈欠连天，眼皮不由自主地合上。

其实，错就错在他满足眼前的一切。因为满足，裹足不前、不思进取。烦恼是没了，但前途也变得越来越黯淡。

阿强应该意识到，安逸和舒适只是暂时的，年轻时就应该吃苦。有走出舒适圈的意愿，"烦恼"自然就会到来。烦恼，让你看到身上有诸多不足，而这些不足，就是未来努力的方向。

另一个同学小 A，走了和阿强完全不同的路线。

话说小 A 读完大学后，通过公务员考试进入一家机关工作。虽说这两年公务员不像以前那样火热，但每年报考人数依旧居高不下。众人眼中，这份工作就是金饭碗。

但小 A 不这么认为。

他性格外向，是大学学生会主席，喜欢做有创造性、挑战性的工作。而在机关里他只是一个执行者，不需要发挥想象力和创造力，工作模式是既定的，不可能因为某个人的想法而改变。他开始有了烦恼，觉得这份工作不太适合他。

试用期还没结束，他便提交辞呈，离开机关。他先在一家咨询公司任职。他花了两年时间，考出高级培训师岗位资格证书。有了这张证书，小 A 再次炒了老板鱿鱼，当起了自由职业者。每天不必朝九晚五上班，时间可以自己做主。

状态好的时候，就多干一点；心情不好时，就出去饱览祖国的大好河山，在青山绿水间释放负面情绪。

每年，小 A 为各类公司开设上百场培训或讲座，已是业内小有名气的职业培训师。

很多人在遇到类似于小 A 的烦恼时，第一个想到的就是隐忍。忍忍吧，反正大家都是这样。这种阿 Q 精神很管用，烦恼会随着时间推移烟消云散。想想也是，做一份重复性很强的工作，不用动什么脑子，很多人求之不得呢。

说到这里，似乎涉及了人生选择。你想选择什么样的人生，是甘于寂寞、平庸，还是希望留下自己的烙印。如果是后者，请慎用阿 Q 精神。烦恼面前，小 A 选择了突破。正因为这样，世上少了一位庸庸碌碌的小科员，多了一位神采奕奕的演说家。

如果师从一位万人敬仰的大师，他却始终不肯教你真功夫，你会抓狂吗？估计这家寿司店的学徒们，都会经历这种炼狱。

曾看过一部名为《寿司之神》的纪录片，描绘的一家餐厅，值得用一生去排队。这家餐厅位于东京银座的地下一层，营业面积不大，只够十人同时用餐。

餐馆老板是 87 岁的小野二郎。他是一个做事极其专注认真的人，餐厅不做其他美食，只提供寿司。

就是这样一家外表上不起眼的小店，却被有着"美食圣经"之称的《米其林指南》评为三星餐厅，这是全球餐厅的最高荣誉。

小野二郎对食材的要求近乎苛刻。在他眼中，处理食材要把握得恰到好处。为使章鱼口感柔软，先要对其按摩 40 分钟；为呵护米饭的弹性，温度要控制在接近人体体温。

做他的学徒，先要练习拧滚烫的毛巾，随之是用刀和料理鱼。期间，不合格的学徒会被淘汰。只有等上十年光景，才有机会上台煎蛋。

做他的学徒，大多数早就被这种培养模式惹恼。不就是做个菜吗？犯得上要虚掷十年光阴？估计那些被淘汰的学徒，也忍受不了这种看不到未来的烦恼。

终究还是有人坚持下来了。他们学到一份技艺，一种"不好吃，就不能端给客人"的匠人精神。

烦恼来临时，意味着突破和机遇的降临。选择坚持下去还是选择退缩，结果会完全不同。就像小野二郎的徒弟们，忍耐不住的、坚持不住的，只能学到皮毛。

要坚信，烦恼只是暂时的。咱有信心，跟烦恼来一场持久战。因为烦恼里，藏着未来某个时刻的反转。

大概只有青年时期，烦恼才会如此之多。因为在年轻时，眼睛始终盯着前方，对生活怀着一份热爱和希冀。热爱到一定程度，会专注于生活的每个细节。当某个细节不如意，就会产生失望，进而发展成为烦恼。

经过努力跃上人生的新一级台阶，理想会随之"前进一格"。经过数次"同步运行"后，挫败感难免会产生。但烦恼无法阻碍对理想、未来的渴望。只要有一丝希望的"火花"，就该不顾一切地去追逐。

烦恼蜕变于热爱，亦会对热爱产生促进作用。生活不会无休止地攻击人，烦恼的阴云终究会散开，生命的红日一定会重现。

或许你感到烦恼是一种包袱，是一种难以名状的痛苦。但若干年后去回忆，烦恼会在你的味觉中留下"回甘"。

没有烦恼的人生，看似完美无缺，实则是充满诱惑的塞壬女妖（希腊神话传说中的海妖），用她妖媚的歌声，让途经的路人殒命。

善待你眼下的烦恼，不要拒之于千里之外，更不能自暴自弃。因为这些烦恼中，藏着你的未来。

请把别人不屑的事做到极致

工作这么多年，做过的 PPT 数不胜数，早就过了第一次亲密接触时的新鲜感。始终把 PPT 当作一种工具，不曾想到这个令人不屑的领域，也能诞生一段传奇。小 D，就是这段传奇的主人公。

小 D 与 PPT 的初遇在十多年前。

初一时，学校采用 PPT 授课。相比手写板书，PPT 图文并茂，课堂气氛活跃不少，还让老师少吃不少粉笔灰。小 D 不是课时奋笔疾书的学霸，也不是课堂上打瞌睡、下课后找同学抄笔记的学渣，他的兴趣点全在 PPT 上。

为了这个爱好，他省下零花钱，床边的书架上出现了不少 PPT 专业书籍。起初，父母对他玩这个不支持。不过眼见学习成绩未受影响，态度渐渐由反对到默认。

未能进入心仪的大学，对很多人来说都是一件不愉快的事情。可是小 D 没有失落，PPT 让他的生活绚烂多彩。当他在这个领域中乐此不疲时，身边同学忙着参加社团活动，忙着刷社会实践经验，忙着考取各种证书。别人的努力能变成可期的成果，只有他是另类。

PPT 不能带来证书，不能带来简历上夺人眼球的关键词，少了功利因素，足见他对 PPT 是真爱。他常常熬到半夜两三点，把 PPT 的制作技术打磨得炉火纯青。

老师和同学们开始知道他擅长做 PPT，找他帮忙的人络绎不绝。遇到课题答辩、项目评审季，小 D 恨不得爹娘多给他生出几双手。他是个热心人，通常有求必应。

毕业季来临，别人投身于写简历、参加校园招聘会、笔试、面试等毕业生常规路径中，他则继续在 PPT 的"沼泽"中难以自拔。父母不再规劝，似乎对他失去希望。同学们也在背后悄悄议论，眼神和话语中都带着不屑。

现实压力面前，他进入一家外资公司实习。

还在实习的小 D，看到周围人修改近百页 PPT 的字体，要花上一下午时间。其实只要轻点几个键，几秒钟内就能搞定。

很多职场新人在制作 PPT 上栽跟头，工作效率低下。他的善心再次被点燃，希望用 PPT 领域的造诣帮助别人。

教人的方法有两种：出书、培训。纸质书枯燥，年轻人阅读兴趣不大；而线下培训能辐射到的人群有限。于是，他把培训项目搬到网上，同时辅以出版专业书籍。

他还在网上发布招募贴，征召到一些志同道合的小伙伴。

为了解市场需求，他针对大学生和职场新人开展市场调查。根据调查结果,设计出一套完整的在线教育学习体系,包括"配套教材、线上授课、在线答疑、定期分享、作业批改、动手实践、课程考核"等。只要参加完整套培训,不敢说能成为 PPT 制作高手,至少应对日常需求不会有太大问题。

心中的那个小人儿开始躁动,他辞去收入丰厚的工作,开始全职创业。

很多事都要亲力亲为。手机 24 小时开机,几个微信和 QQ 号频频闪动。找他的都是学员,哪怕是入门级问题也要耐心作答。他随时接收学员作品,并精心批改点评。

面对汹涌袭来的求助信号,他一个人实在忙不过来,他从优秀学员中挑了几位助手,组成助理导师团。特地建了 8 个答疑群,每个群中有学员 2000 人。他和几位导师会定期在群里答疑,只要在学习中遇到问题,都可以在这里得到解答。

与此同时,他还和自己的团队出版了一系列书籍。线上培训加专业书籍,使学习效率大大提高。从以 PPT 为突破点的单品爆款,到 Office 技能,再到职场必备技能;从 1 门课程到 7 门课程,授课内容不断丰富。

仅仅过去一年,小 D 的收入就达数百万元。他成熟儒雅的气质,和当年那个穷学生的模样判若两人。

就是极其普通的 PPT,在小 D 手中焕发出耀眼光芒。就在这个大家会忽略、会不屑一顾的领域,小 D 却做到极致。

曾记得《南村辍耕录》中有个小故事:南宋有位官员想续房,有人介绍一位叫奚奴的姑娘,问她会干什么,姑娘回答会温酒。周围人嗤之以鼻，这位官员却让她试试。头一次，酒太烫；第二次有点凉；第三次正合适。从此以后，她每日三次温酒都冷热适中。这位官员去哪都带着奚奴，死后还把家产留给了她。

为什么温酒这个小事会给奚奴带来幸福？因为"一事精致，便能动人，亦其专心致志而然"。

认识一位教授，他研究的对象难免有些不登大雅之堂。

是马桶，或者更广义地说，是用来排泄的器具。很多人都认为他疯了，更多同行在背后耻笑他：如此不着边际的研究领域，又怎能赢得学术圈的认可？

这位教授带着黑色边框眼镜，双目炯炯有神，说话声音洪亮，讲课也是旁征博引、谈古论今。怎么会走火入魔，进入这个被他人视作禁区的领域呢？

他只是说自己喜欢，再者这个领域确实没有人研究过。兴趣和研究的独创性，让他这些年停不下来。

走进他的工作室，关于历史不同时期的马桶等卫洗用品的资料，堆起来比一个人还高。他就俯首这些纸堆，期望从中发现被历史淹没的碎片。

最终，这位教授在一次学术研讨会上的演讲，引起学术圈的关注。很多反对他、笑话他的人，都在这一刻闭上嘴巴。

教授身份，或许能减轻这位奇葩老师面临的压力。但下文中的这位农民画家，就被别人当作废材，因为农村不干农活的男人，通常会被别人鄙视。

农民画家熊庆华，初三那年自觉升学无望，执意要求辍学。从课堂回到家里，他制订出详细的计划：每天早上练习两小时毛笔字，中午学习山石绘画技法，下午主攻素描。

平日里，他会骑车四五个小时，颠簸到50多公里外的城区，购买美术专业书籍，反复临摹与创作。那时候流行彩色山水画，熊庆华却在主观上抗拒这种画风。很多人带着讥讽的语气说："这幅画是什么玩意儿，想表达什么意思？"渐渐地，熊庆华成为乡民眼中只会"画画"的怪人。除了农忙时节搭把手，几乎不事农活。

但熊庆华要用画笔记录逐渐消逝的传统习俗，还有那个正在消失的家园。他采用超现实主义的笔法，展现出魔幻而深刻的真实，更能触及人性和历史变迁等深层次的东西。

从16岁到34岁，熊庆华孤独地沉浸在绘画世界中长达18年，期间几乎没得到任何回报。直到初中同学把他的画作上传到网上，才迎来命运的转折。一个月的时间，这个帖子的点击量就有几十万。因为极富感染力的色彩构图，他获封"中国的梵高"这个称号。

34岁这年，熊庆华与一家艺术网站签订10年合约，每年保底工资30万元，条件是完成30幅画作。他笑着说："终于可以安心画画了。"此后两年，他举办了两次个人画展，吸引了成千上万的粉丝来参观画展。

熊庆华顶着别人的不屑，拿到"中国梵高"的美誉。这位农民画家是孤独的，但他不会被孤独和不理解束缚。他始终认为自己的方向是正确的，不会因为他人的蔑视和鄙夷而改变。

　　人的一生有限，不需要把面铺得太开。历史上，张继以一首《枫桥夜泊》名留千古；张若虚以《春江花月夜》孤篇压倒全唐；英国作家玛格丽特·米切尔凭一部《飘》便奠定在世界文坛的地位。在成功之前，注定是种种不理解和嘲笑。不去理会这些嘲笑，用你的圆满来回击他们。

　　能把别人不屑的事做到极致，你的人生便不会有太多遗憾。

我们能做的，就是做好自己

范雨素，一位来京打工的农民工，曾以一篇《我是范雨素》"爆文"迅速红遍朋友圈。这篇 7000 多字的文章中，她将自己及家庭 10 多年来的经历娓娓道来。

没有激烈言辞，甚至没有突出的感情色彩，作者是自己人生的亲历者，也是周围人人生的记录者。

大社会，小人物，跃然纸上。

44 岁的范雨素只有初中文化，却在 20 世纪 80 年代，那个文学狂热的年代，拥有自己的文学梦。遍读村子里能找到的小说和文学杂志，她渴望去看看外面更广阔的世界。

这一走，她脱离了原先设定好的人生轨道。

一路北上，来到距家乡千里之外的北京。没有任何谋生技能，范雨素只能在一家饭店做服务员。她笨手笨脚，在端盘子时不小心摔了一跤，把所有的盘子都打碎了。

盘子碎了，梦想似乎随之碎了一地。在北京浑浑噩噩过了两年，她在 22 岁时把自己嫁了出去。

婚后经历的却是无休止的家暴。于是她离开酗酒如命的丈夫，带着两个女儿打工过活。

这样的人生，在其他人眼中是失败透顶的。

范雨素却不这么认为，她和几十位有文学兴趣的打工者组成文学小组，在老师的指导下开始写作。

"活着就要做点和吃饭无关的事，满足一下自己的精神欲望。"每个夜晚，等到两个孩子进入梦乡，范雨素就开始写作。

当写下第一个字时，周围那个看似黑暗无助的世界消失了。眼前出现了一道光，一道指引她走向丰盈精神世界的光。她沿着这道光的方向，一路走下去，心无旁骛，双目炯炯地看向前方。

从此，她找到了支撑人生的力量。前夫带给她的伤害，留给文字去疗治；抚养孩子的艰辛，从写作中收获慰藉。

她就这样一直写下去，不为了出名，这份单纯的目的，收获了更美妙的状态。

我们被无常的命运裹挟，不知路向何方。即使暂时被命运狠狠踩在脚下，也不该随便放弃。放下埋怨，做好自己，剩下的交给时间来评判。

远房表姐阿莲，是一个苦命的女生。她患有先天性脑瘫，说话和行动都不是很方便。尽管如此，她还是非常渴望能拥有一段美好的爱情。

两年前，她在婚恋网站上结识了一位身体健康的小伙阿勇。就在认识当天，就在见到他的第一眼，表姐就认定这个人是她要等的人。表姐已经30出头，又有这种先天性疾病，遇到稍微好点的男人，心动是正常的。然而对方是个健全人，人长得也不赖，凭什么看上表姐？

不忍心去打击表姐的积极性，只好把这句善意的提醒硬生生地咽到肚子里。

今年年初，收到了表姐和姐夫的结婚请柬。

就在婚礼当天，我把披上婚纱的表姐拉到身边："和他在一起，你真的没压力吗？"

表姐憨憨地笑着说："哪有啊！我不把自己看作是有异常的人。很多时候，哪怕别人对我有鄙夷的神情，我也不放在心上。你鄙视你的，我做好我自己就可以了。"

认命？还是不认命？坚持自己？还是放弃自己？

认命的人选择随波逐流，但我们应该有推开厄运的勇气。这份勇气，首先是做好自己。正如表姐，不相信自己会孤独终老，依然坚定寻找自己的 Mr Right。

当然，不只是等待，她热心公益事业，尽心去帮助需要帮助的人。她结合自己的心理学专长，开设婚姻家庭讲座，破解婚姻中的种种难题。起初她的讲课并不受欢迎，别人看到她这副模样，对她的授课不抱任何希望。

但是，一个个精辟的案例点评，一针见血的建议，让听众收回了那些刻板印象。行善的过程中，她变得更加"美丽"。那位身体健全的小伙子，正是看中她这一点。

每个人都应该试着主宰自己的生活，顺从自己的心意。

经历过一些打击，很多人喜欢给自己贴上各种负面标签："我不行""我是个失败者""我只能单身"……

这些标签，让内心对于眼前的失败有了交代。然而只是有个交代，就够了？

"人情势利古犹今，谁识英雄是白身。"这是同学小王最喜欢的一句话。

堆成小山的快递，此起彼伏的电话铃声，匆匆忙忙来领取包裹的师生……如果不刻意观察，这里似乎就是一个普通的快递网点。但电脑屏幕上，却播放着斯坦福大学的英语公开课。没看错吧！这哪是快递小哥感兴趣的内容？

"我用两只手挣钱吃饭，追求自己的理想，管别人怎么看呢？"一瓶酒下肚，小王理直气壮地说。

小王有两个身份，分别属于白天和黑夜。白天奔走于大街小巷，累得一身臭汗。晚上回到电脑前，他就是一名醉心于近代史的历史系研究生。

他有过汗颜的过往：三次报考清华大学的研究生，每次复习应考的笔记都有厚厚几大本。但笔试顺利通过，却一次次倒在复试上。

到了第四次，估计导师被他的执着精神打动，收到了这封迟到的录取通知书。

考上硕士这年，他已经 26 岁。他不愿意再向家里伸手要钱，利用上课间歇做起快递小哥。

很多人都奇怪，为什么他不去做那些"体面"的工作？在那些高档的写字楼中，夏天不必在烈日下奔走，享受空调的阵阵凉风；冬天也不必领教凛冽的寒风，在暖风中微醺。

他就是不要这种所谓的体面。听说有些快递小哥手脚勤快，月入过万，他按捺不住心中的冲动，干起这份看似没有技术含量的工作。

正如此前三次失败的考研经历，很多人劝他不要再做清华梦；现在研究生去做快递，更是各种非议四起。

"做快递还读什么清华啊！初中学历就够了。"

"纯粹吃饱了撑的，是想刷存在感吗？"

他屏蔽掉这些信息，专心经营自己的快递网点。

没有合适的交通工具，也不熟悉路，一天能送上 30 个件，就是他最好的成绩。最少的一天才送掉两个件，收入只有 3 块钱，连一碗面条也不够。

于是，他开始把服务对象锁定为附近的几所大学，还建立了一个数据库，分析送货地点，找出最经济的送货线路。经过一年多的努力，他不仅没向家里要一分钱，还积攒了几十万资金，手下还招募了四五个实习生。

不仅衣食无忧，他还顺利通过答辩，正准备报考系里的近代史专业博士。

别人不能代替你做决定，只能作为参考意见。只有你最清楚自己，最该对自己负责。请永远记住这一点。

与其羡慕别人，不如做好自己。肤浅的羡慕、无聊的攀比、笨拙的效仿，只会让自己生活在他人的阴影中。

辞掉那份与你格格不入的工作，别逼着自己去做不喜欢做的事，不要做那个永远追赶着胡萝卜的驴。

只有真正踏出心灵的"牢笼"，"人生之河"才会奔流不息。每天醒来不断鼓励自己，从自己身上汲取正能量。仔细问问自己为什么选择这件事，如果是你内心向往的，无论如何都要咬牙坚持下去。

应当认清目前的自己，找到属于自己的位置，做好自己，人生就会越努力越幸运！

现在的拼，是为了将来远离危机

她在亚洲顶级设计学院——香港理工大学——攻读艺术设计专业研究生。毕业后进入一家外资设计公司，由于拥有图像和色彩方面的天赋，她在工作中如鱼得水，很快在设计圈内小有名气。

她除了吃饭睡觉，把所有心思都花在工作上。一直到怀孕前，她还立志要成为 super mom（超级妈妈）。但当儿子闯进她的世界，抱起这个手无缚鸡之力的婴儿，女汉子的心立刻软了下来。

但迫使她下决心辞去手头工作的是职场中的"中年危机"。她目睹外企的冷酷无情，一些职位很高的设计师，毫无征兆就被通知不要来上班了。

他们从初出茅庐的年轻人，到身体发福、年过不惑之年的中年人。这个年龄失业，要再去外面找一份体面的工作是很困难的。

这就是"职场中年危机"——企业永远不缺才华横溢的年轻人。这些人的悲惨遭遇，让她似乎看到十多年后的自己。这种不确定感，逼着她去"自立门户"。

具体做什么行业？她为此整整思考了一个月。

一次高中同学聚会，有位同学的脖颈上戴着一条闪闪发光的钻石项链。通过和这位同学的交流，她才知道国外流行定制珠宝首饰。

流水线上的珠宝首饰样式单一，无法满足每个人的审美需求。而定制首饰乃手工制作，按人们不同的喜好打磨，深受很多人士青睐。市场上很多珠宝首饰款式都偏向传统或老气，无法根据消费者的需求做出改变，更谈不上个性化服务。再加上实体店昂贵的租金，让珠宝首饰的成本提高，价格自然居高不下。

她有了清晰的定位：以 K 金为主的中高档定制珠宝首饰，同时销售一些珠宝成品以及从国外代购的设计师首饰。珠宝定制工作室对外营业的前一天晚上，她在笔记本上这样写道："要做一个让 shun lam（儿子小名）骄傲的妈妈。"

从大量珠宝首饰的专业书籍中寻找创作灵感，她终于开始设计处女作。

这是一款婴儿首饰，是她朋友送给女儿的。这位"小公主"在羊年出生，首饰上羊的图案由她亲手绘制。

从有最初的创作灵感到开始画草稿，再反复修改、建模型、两次打样，最终形成产品，整整过去近三个月，迟迟没有消息。朋友迫不及待地打来电话："给我女儿的首饰还没好吗？3 天后就是她的生日，我想在这天给她一个惊喜。"

她只好安慰朋友："我保证你女儿在生日那天收到这份珍贵的礼物。

慢工出细活，我希望在我手下诞生的作品是最棒的。"对于这种工匠精神，朋友也不好再说什么。

两天后拿到成品，她的内心非常欣慰。首饰上刻着孩子的出生日期和名字，相比其他普通首饰，这件定制首饰包含着一份长辈对于孩子健康成长的祝福。这份带着温度的亲情，使原本冷冰的首饰蕴藏着不同寻常的价值和意义。

高兴没几天，却发生了一件不可控制的意外。那天下午，一位年轻女士送来一颗宝石，随后原料石和图纸送进有合作关系的工厂加工。

一周后，她接到工厂师傅打来的电话，话筒里传来急促的声音："不好意思，那颗宝石在加工过程中出现断裂。我们想尽办法也没能修复。"

随后工厂发来了宝石照片，她注视着那张照片整整一分多钟。这颗宝石价格昂贵，现在出现不可逆的损坏，该怎么向顾客交代？只好在第二天厚着脸皮向顾客道歉。对方说了很多难听的话，她只好默默忍受，最终赔偿了一颗相同的宝石。幸好后来制作的上千件首饰，再没有发生这样的悲剧。

通过口口相传，她有了稳定的客户群，基本上每个月有上百单的流水。她一个人渐渐忙不过来，先后招了几个大学刚毕业的年轻人做助手。

对定制首饰来说，每件产品都没有固定的模块，大小、材质都不一样。打造每件产品前，首先要形成产品效果图。但她画出来的图纸，工厂师傅理解起来比较困难，无法表现出她想要的感觉。

感觉这东西主观性较强，可能只有她本人知道。所以她只能不停地改图，还专门去学习 CAD 制作。整个制作过程中，工厂只负责具体执行，方向性的东西需要她来把控。

每一件珠宝首饰的背后，或许都藏着一个感人的故事。这天早上，她刚起床就看到公众号上的一段留言。这是一位 40 岁的女子，说自己年轻时有一根彩色项链，陪伴了她整个少女时期。只是后来由于多次搬家，她不小心弄丢了这根项链。她发来一张旧照片，希望根据照片还原这根项链，因为它代表着少女情怀和年轻时的浪漫回忆。

做这件首饰时，她也情不自禁地想起自己青涩的少女时期。那是一段最值得珍藏的岁月，有初恋、有心动、有害羞，不曾沾染任何世俗的成分。正是带着对青春的向往和怀念，她帮这位顾客实现了这个愿望。

不仅女生怀念青春和初恋，就连男生也不愿从脑海中删除那些美好场景。一位 20 多岁的男生送来一枚有些变形的戒指。这枚戒指，原来曾送给他的初恋女友，后来两人因感情不和分手。

她帮男生修复好这枚戒指，也是帮助他留住初恋的记忆。

定制珠宝首饰的意义，不仅局限在找回记忆。她接待过一对新婚夫妻，想设计一款有特殊意义的戒指。最终成品被设计成"莫比乌斯环"的模样，可以一直循环下去，代表两人今后将白头偕老，十指相扣，永不分离。

听一些业内同仁说，斯里兰卡的珠宝业发达，去当地能淘到不少好的货色。为了拿到更上乘的珠宝首饰原料，她决定只身去斯里兰卡淘宝石。

一位闺蜜瞪大眼睛说："我没听错吧？你一个女孩子，只身去斯里兰卡淘宝，人生地不熟，太危险了。"

她在 5 年前去过印度，当时，那里环境更恶劣，社会治安也很差，她甚至还被人骚扰过。经历过这样的大风大浪，她觉得遇到什么意外情况都能应付。

淘宝石是一件强度很高的工作。她来到斯里兰卡国内最大的宝石交易中心，外表上看似乎只是普通民宅，走进去却别有洞天。20多平方米的房间里，挤满了从各地赶来的宝石交易者。一旦发现新买主，供应商们便一拥而上，争先恐后地介绍自己的商品。

几乎整整一天，她都在全神贯注地挑宝石。面前站着几十个商人，叽里咕噜地说着蹩脚的英语，听上去似懂非懂。好在她有一颗大心脏，能不被外界所干扰。

淘宝石就是一次探险，因为你永远不知道下一颗石头会是什么，也永远不能确定能否淘到心仪的宝石。

好在当地珠宝业很讲究诚信，哪怕是妇孺，供货商也不敢拿假货以次充好。挑宝石时，她会和一个中间人打交道。这个中间人被称为"庄家"，通常是当地非常有信誉的宝石商。他可以保证你今天拿到的所有宝石都是真的。价格谈拢后，买卖双方会象征性地握个手，互道一句"Good Luck"表示成交。这时卖家还没收到买方的付款，只会将交易在庄家处做一个登记，随后才结算。最终成交的宝石，都可以开具鉴定证书。如果鉴定证书和担保的宝石有出入，买家可以无条件退货。

出于好奇，她问庄家是否能在结算前改变主意，对方摇摇头，说："Good Luck。"这句话一字千钧，一出口便不能反悔。

她是市场里唯一的女人。回国后，朋友看到她在交易中心的场景，纷纷惊呼："你一个人面对这么多男人，不害怕吗？"她反诘道："有什么好害怕？"契约精神，让这场"肾上腺素上升"的交易，能日复一日地延续下去。

就在斯里兰卡的海边，她租了一条有百年历史的独木舟，独自在印度洋上飘荡。海天一色的美景，远离城市的喧嚣，她突然有了浪迹天涯的想法。但是儿子可爱纯真的笑容，又让她从白日梦中醒来。她现在的奋斗，既为了心中的那个梦，更为了这个可爱的孩子。

如今，她经常会忙碌到躺在床上就能睡着。但是，这份忙碌充满意义，因为现在的拼，是为了将来远离危机。

如果她不拼，很可能在未来的某个时候经历"职场中年危机"，在体力下降、精力不济的压迫下黯然离开职场。被迫离开职场，绝非"放得下"。当你连"拿得起"都成为问题的时候，还谈什么放得下？

所以趁自己还能拼一把的时候，给自己加加压，在健康允许的范围内，在不透支身体的前提下，将自身的潜能发挥到极限。

第二章

活得漂亮就得对自己"狠"一点

差不多就行，那你就会和别人差很多

我读大学时，感觉每次期末考试都不亚于过一次"鬼门关"。平日里，选修课必逃、必修课选逃。即使在教室听课，大部分时间也在"神游"。省下来的时间，心甘情愿地留给虚拟世界中的刀光剑影。几年下来肌肉松弛，增重几十斤，近视度数加深几百度，镜子里出现一张憔悴的脸。

只因听了学长的一句话："大学里的考试，考前随便瞅两眼教材和复习资料，差不多就行了。"想想也是，好不容易过了高中这座"炼狱"，迎来憧憬多时的自由散漫的生活，怎能将大好光景耗费在无聊的课堂上？

报应终究会来的，一句"差不多就行"，逼得我考前快抓狂了。

考试前几天，恍若回到高考前那段最黑暗的岁月。问几位学霸借来复习笔记，赶紧复印一份。密密麻麻的正楷字，考验着早已生锈的记忆力。恨不得在大脑里植入记忆芯片，将所有知识点"复制、粘贴"。终因过度熬夜，趴倒在散落一地的笔记上。还有那本厚得像砖头的参考书，根本没时间再去翻。

"反正一张试卷不可能覆盖全部知识点，这几天起早摸黑，应该够得上及格线。差不多就行了，何必把自己搞得像苦行僧？"进考场前，用这样的话安慰自己。

倏然发现授课老师的那张脸出现在讲台上，冲下面的考生诡异一笑，好像在说："小样，就凭你这点道行，能抵御我的摄心大法？"

拿到散发着不是墨香的试卷，差点一口血喷在上面。题目居然不在最后那节课上划的重点复习范围内。

想起来了！第一节课结束前，老师的 PPT 最后一页附有十几本参考书，都是那种六七百页的"砖头"。当时大家也不当回事，参考书，参考一下嘛！

考试成绩公布，乖乖地去教务处交补考费。

同寝室的室友"小傻"，却拒绝"差不多就行"，成功躲过这波"非典型攻击"，成为此起"挂科惨案"中唯一的孤岛。

入学时大家都不分伯仲。结果毕业，全班三分之一的人辗转招聘会和校园宣讲会，起得比鸡早，睡得比狗晚，换来一份月收入不到 3000 元的工作就喜上眉梢。而"小傻"手握多份名企 offer，最终选择一家美企，底薪就有 2 万多，几年后还有出国进修的机会。

人比人气死人，怎么会差这么多？追根溯源，揪出了这个"差不多就行"的心理。这种想法，说到底是人性的弱点。人都有趋利避害的心理，总喜欢舒舒服服过活，本能上回避枯燥、乏味的苦差事。但不经历这些磨砺，能脱颖而出吗？想过惬意的小日子，很容易陷入"差不多就行"的怪圈。一旦进入这个怪圈，就会和其他人的差距越来越大。

学习阶段，只是人生起点。此后长达数十年的职场生涯，才是一个人成功与否的"竞技场"。可在职场中，很多人都奉行"差不多就行"的原则。除去那些频繁跳槽者，很多人对手头工作烂熟于心，即使闭着一只眼睛，也能不出什么大差错。正因为太熟悉，难免对工作产生一丝倦怠。如果说婚姻有七年之痒，或许"职场之痒"比七年还要短一些。

阿勇有一个让人"不齿"的习惯——记工作台账。

每天的工作内容、遇到或想到的问题，阿勇记得很琐碎、很详细。每次翻开这本工作台账，心中就会生出嘲笑。至于嘛！虽说记日记是不错的习惯，不过也应该写点私密的东西。把文字"浪费"在记录工作台账上，有点不值。

"老板就给你这么点工资，你就是一个打工者，这么累有意思吗？差不多就行了。"朋友们好心劝他，迎来的是他憨厚的笑容。

两年后，当初的同事还在这家公司不死不活地待着，而阿勇已经是一家科技公司的CEO，拿到上千万元的风险投资。

又一次栽在"差不多就行"的陷阱里。

阿勇认真记录台账，其实是在为将来积蓄力量。他从来没有将手头的工作当作一份谋生的职业。就在字里行间，他整理思路，找出理想与现实的差距。从头到尾看完两年多的工作台账，几乎能合成一份完整的创业企划书。他这是在不露声色地自立门户。

有部纪录片《我在故宫修文物》刚一播出就火了，才三集的片子，获得数百万的点击率，豆瓣评分高达9.5分，甚至超过当年炙手可热的大IP——《琅琊榜》。

每一集纪录片中，都能看到"文物医生"们劳作的身影：精瘦的钟表专家王津永远在捯饬西洋音乐钟；语气柔和的陶瓷专家王五胜在蘸漆，小心翼翼地修复唐朝三彩马；工作起来一脸严肃的字画组张旭光老师傅在带徒弟们修补古代名画……就是这些其貌不扬的人，让一件件因岁月伤痕累累的文物重获新生。

他们完全可以"差不多就行"。很多时候，他们只是独自在忙碌，并没有过多指标压力。手中的文物，也不是属于他们的私有品。但他们不愿意将就。他们专注的眼神中，闪着动人的光芒。正是这份专注、这缕光芒，让观众瞬间感动。

很多影视剧中，男主人公为了爱情，不愿意将就，苦苦等待多年，终成正果。

然而在生活方面，我们是否会像追求爱情那样，执着于心中的目标，不因"差不多就行"停下脚步？

一事而精致，这就是工匠精神。

工匠们以极致的态度对自己的产品精雕细琢，拥有精益求精、追求更完美的精神理念。

不论工作、生活，我们都应该放下浮华，放下功利，放下短视，把自己当作一件艺术品，不断雕琢自己。追求卓越、拥有精益求精，才有机会成为某个领域的弄潮儿。

差不多就行，那样你就会和别人差很多。别让努力止步于"差不多。"

存在感，请用实力来宣示

拥挤的地铁车厢、商务楼逼仄的空间、路上茫然的行人……你，每天就穿行在这股城市"洪流"中。

一年到头忙忙碌碌，依旧和升职加薪无缘。一直处在"职场食物链"最底端，说话没人听，随时随地可能卷铺盖走人……

每次家庭聚会，所有人的注意力都在某个人身上，读书时夸赞他的成绩，工作后称赞他的业绩。而自己只能像个隐形人，空气一般的存在，尴尬地缩着身子，玩着手机。

"别人家的孩子"，向来是神一般的存在，而自己身上的标签就是没性格、没想法、没见解，平凡得让人腻味。

和几个朋友吃饭时，点菜提议经常被忽略。

这些遭遇，或许是很多普通人真实的生活写照。他们感觉不到自己的存在，感觉把自己弄丢了。

存在感就是一个人被群体所认可，感受到自己被群体所重视、所关注，这是人类一个很深的心理需求。很多人似乎只有在被关注时，才能体会到存在感。

人类自古以来就是群体性动物，为了繁衍生存必须与他人产生关系。如果一个人不能被他人接纳，处于一种被孤立的境地，就很容易在成年之前死去。社会接纳程度对于祖先如此重要，通过基因的遗传，迫使我们去寻求他人的认可，提升自己在群体中的地位和重要性。这就是为什么会去寻求存在感的原因。

于是乎很多社交媒体应运而生，微信朋友圈内各种晒、各种秀，就是为了宣示自己的存在感。

然而存在感在这个过程中被找回来了吗？除了举手之劳的点赞，似乎和推送前没什么区别。

小陈原是一家私营公司的文员，每天朝九晚六。她长相普通、家境普通，反正她身上没有什么亮点。几年前求职，她也是费尽心力。这家公司原本也是拒绝她的，但她多次毛遂自荐，总算得到这份月收入不到3000元的工作。

月收入3000元，在上海是不折不扣的穷人。除去每月房租和伙食费，她连给自己买衣服、化妆品的钱也没有。

她只能穿着大学时从折扣商店买来的衣服。同学聚会都不敢参加，怕别人笑她老土。她只是"一台接受命令的机器"，老板的颐指气使、同事的趾高气扬，她都只能默默忍受。更让她难受的是一些不如她的朋友、闺密，纷纷找到好老公，迅速脱离苦海。

职场、情场，场场难如意。她的存在感指数，几乎为负值。

但就是这样一个女孩，业余时间去学了心理咨询专业，培训费用都是问同学借的。她学心理咨询的最初目的，是希望调解体内的负能量，等真正进入了这个未知世界，便再也不肯停下求知的脚步。

那是一段很苦的日子，白天应对各种烦琐的办公室事务；晚上还要去上课，回到出租房几乎快半夜。

深更半夜，走在僻静的小路上，有些瘆得慌。好在她挺过来了，用两年时间考出国家二级心理咨询师证书。

现在的她，有着成熟女性儒雅的气质。她辞去收入微薄的工作，自己开了一家心理咨询室。从一开始鲜有人光顾，到现在预约几乎排满。看着一个个迷茫的灵魂找到出口，脸上绽放出阳光般的笑容。她找到了存在感，帮助了别人，也成就了自己。

这些不靠别的，靠的是她去啃一本本心理学著作、研读各种案例、撰写各类文章。字里行间，她有了找回存在感的实力。

不要以为只有赞美，才是存在感的体现。有时候吐槽、质疑，也是你在他人心目中有位置的体现。

"你写的文章，我基本都看过。总体来说，文笔粗糙，思想性不强，不过如此。"

"你能出这么多书，发表这么多文章，估计和编辑认识吧。我感觉你的文字，没有让我感到惊艳的地方。"

"有胆量把杂志邮箱都给我，我也投稿试试，不会比你差。"

最近微信、QQ收到好些指责和批评。换作以前，我一定会拍案而起："你算什么？大言不惭地说我写得不好，你自己的文字是几斤几两？"

然而，现在我能很平静地面对这些刺耳的声音，存在感不会因为他们的差评而减少分毫。相反还有一种庆幸，能被人骂，说明还有人在意我。如果没出版这些书、发表这几百万字的文章，或许还挨不到这些骂。

存在感太重要了，人活着就是为了一口气。而一口气比较抽象，说白了就是存在感。终日被他人鄙视、忽略的人，注定内心像被刀子一刀一刀割过。因此，每个人都行走在找到存在感的道路上。

只是如何获得存在感？每个人的方式不同：有人大喊大叫，有人咄咄逼人，当然还有人默默修炼自己的"内功"。因为他们清楚，修得这些"内功"，才是比那些主动争取存在感更有效、更彻底的办法。

拥有存在感的前提是你对别人不可或缺，别人离开你就会有种难受的感觉。想有存在感就要付出，要有给予别人的能力，比如金钱、时间、快乐、帮助。

德国哲学家莱布尼茨有一句名言："不发生作用的东西是不存在的。"所以你得对别人有作用，一定得有。

社会的认同感是别人认为你有好作用，但随时间和空间而变。自我的认同感是一种自我说服，但比起说服别人要容易得多。两者共同构成你的存在感。

"路漫漫其修远兮，吾将上下而求索。"寻找存在感之路漫漫，还请珍视每一天，沉下心来去修炼你自身的实力。

活得漂亮的人，都是"狠"角色

"这次，我一定要减肥成功，一定的。不然……"办公室同事小梅，又一次对着甜点发起"毒誓"。

这些甜点都是她最喜欢的。

玛德琳小蛋糕，在普鲁斯特《追忆似水年华》中有过这样的描述："带着点心渣的那一勺茶碰到我的上颚，顿时使我浑身一震，我注意到我身上发生了非同小可的变化，一种舒坦的快感传遍全身，我感到超凡脱俗。"当这枚小点心混入茶水在普鲁斯特的嘴中翻滚，如同一枚炸弹投入深海，瞬间爆发激活他的文思。

马卡龙，具有法国式浪漫色彩的甜点，其名字"少女的酥胸"就已经让人产生无限遐想。

拿破仑，一共三层，焦黄色的千层酥皮，中间涂满馥郁香甜的香草奶油和卡仕达酱。入嘴便碎，黄油浓香满口乱窜，幸福感不过如此。

慕斯，特殊质地依赖于在鲜奶油中搅打出气泡，口感既可轻盈如絮，入口即化，亦可绵密厚实，香滑饱满。

换作以前，她肯定会将这些甜品收入腹中，畅快地打个饱嗝。这天她一咬牙一跺脚，把这些美味给了其他视甜品如生命的姐妹。

小梅总是抱怨自己偏胖的身材，是恋爱屡屡受挫的罪魁祸首。为此，她一次次减肥，却一次次半途而废。这不，"毒誓"只维持不到几天，就在小梅和闺密大快朵颐中"轰然倒塌"。

很多人有类似经历，特别是那些矢志于减肥的爱美女生对美食的诱惑难以抗拒。但减肥大业不是一蹴而就、一朝一夕之事。

老是想着吃一点薯片、含几颗巧克力，不会有什么大碍。但欲望一旦开了口子，就再也收不住。于是在颓废、一事无成的道路上继续行走下去。

几千元钱的健身年卡，去不了几次，就只能在抽屉角落里独自哭泣。

前辈开列的书单，下决心在几个月内读完。但大半年过去，每本书都只翻了几页。

想好去做的事，一份很完整的计划，都只停留在思想层面，离最后目标的达成遥遥无期。正事不好好去做，乱七八糟的闲事倒是一件也不落。终日沉溺于社交软件，恨不得睡觉都能和电脑屏幕"亲密接触"。眼镜度数越来越深，得到的只是一些鸡零狗碎的信息。

在现实世界中失意，只好在游戏的虚拟世界中找回存在感。没有正当的兴趣爱好，一到下班就觉得很空虚，只好用各种形式来填补。

发展到最后，开始嗟叹韶光易逝，岁月无情。眼见身边有人小有成就，而自己却虚掷光阴。于是开始焦躁，却找不到努力的方向，陷入"失望——

渴望改变——再次失望"的负面漩涡。

其实，你可以活得很漂亮。只不过你一开始，就把活得漂亮的主动权交出去了。

要想活得漂亮，首先要有改变当下平庸的决心。

日本影片《百元之恋》的女主人公32岁得一子，与家人发生矛盾，愤然出走，在百元超市谋得收银员的工作。可是出入这家超市的人，是一群行为诡异的怪咖。

她渴望改变，遇到三流拳击手狩野。通过拳击这种充满暴力的方式，释放心中的委屈和不满。终于，她通过拳击改变了命运。

加拿大总理克雷蒂安，小时候有口吃的毛病。但他模仿古代的演说家，每天在口中含着一颗小石子，反复练习演讲。几天后，他的舌头和腮帮子被石头磨破，鲜血直流。母亲心疼他，劝他不要对自己这么"残忍"。他擦干母亲眼角的泪水，动情地说："妈妈，书上说每一只漂亮的蝴蝶，都是破茧而出的。我要做一只美丽的蝴蝶。"就是这份坚持和努力，让他成为加拿大第一位连任两届的总理。

现实生活中，我们被各种苦闷、压抑、不幸包裹。很多人选择像骆驼那般，把头埋进沙子里，以为这样就能躲避危险。还有很多人在麻木不仁中，丧失冲破枷锁的勇气。因为一旦跨出这一步，后面的风险未知。人总是害怕风险，害怕各种不确定性，所以都选择顺从命运。只有少部分人踏上了改变的旅程。这条常人不敢走的路，注定是崎岖不平的。

想活得漂亮，就要有想要活得漂亮的勇气和"野心"。然后就是想尽一切办法留住这份勇气和野心，哪怕遇到的阻力再大。

　　越来越多的人认同这种观念：人生苦短，应该活在当下，及时行乐。因为明天有太多不确定性。一旦生命的大门重重关上，你一切的奋斗都将失去意义。正是在这种观念的驱使下，你开始变得懒散，放任生活作息，得过且过。

　　著名演员张丰毅已过花甲之年，身上依旧有六块腹肌。他坚持运动，哪怕是在片场，也会抽空做一些锻炼。还有就是烟酒不沾，绝不让酒瘾和烟瘾吞噬身体健康。

　　NBA 球员史蒂夫·纳什，身体瘦弱，背部神经有严重伤病，却连续两个赛季成为最有价值球员。他多年不沾糖、油炸和深加工食品。训练日里，他一天吃六餐：麦片粥（不含谷蛋白）、杏仁切片、生坚果、水果、蔬菜、糙米饭、胡萝卜和生吃芹菜。纳什把他的食谱推荐给队友，让整支太阳队脱胎换骨。

　　NBA 不乏各种传奇巨星，像科比或麦迪，以超人的天赋著称。而纳什与他们不同。纳什有极强的自律性，用后天不懈的努力弥补先天的不足。

　　地产大鳄李嘉诚，不论几点睡觉，都会在清晨 5 点 59 分闹铃响后起床；随后，读新闻，打一个半小时高尔夫；随后去办公室工作。几十年来，他几乎没有打破这个时刻表。

　　天赋乃天赐，但想活得漂亮，不一定非要依靠天赋这根独木桥。因为，你还有自律的主动权。一个懒惰、缺乏进取心的人，只会陷入更多的痛苦和迷茫中。生活有太多精彩需要我们去经历，可问题在于，你有能力和资格去经历这些精彩吗？

　　自律的人，即便老去也很美丽。

隔壁有个奶奶，她的生活极有规律：按时作息，锻炼身体。几十年如一日地每天走五公里，定时三餐不少吃一点，但也绝不多吃一口，体重几乎保持在一个数字上不动。

自律就是可以克制自己的情绪而让自己行动的能力，它由五条支柱支撑，分别是：认同事实（Acceptance）、意志力（Willpower）、面对困难（Hard Work）、勤奋（Industry）以及坚持不懈（Persistence）。如果你把每个词的首个字母取出来，你便会得到"一条鞭子（A WHIP）"。这条鞭子就是鞭策你自律的关键。自律的最高境界是，当你做出一个决定时，你一定会朝着目标前进。

有了目标，有了方向，就不能随便放弃。遇到坚持不下去的时候，需要逼自己一把。活得漂亮的人，大多数都是"狠"角色。因为不逼自己一把，你不知道自己的上限在哪里。

跑起来，才能感受风的清凉

　　半年前，学弟成子兴冲冲地说，他和最要好的朋友在社会实践中发现一个商机，准备毕业后合伙开一家公司。有一阵子，他始终处在"失联"状态。不怨他，创业嘛，必须把所有时间都利用起来。平时也只能从他偶尔发出的朋友圈图片中，看到他在电脑旁忙碌的场景。

　　半年后的国庆节再次见到成子，他精神有些萎靡。难道是创业失败？不敢伤害他的自尊心，只能通过其他人了解实情。

　　真相出乎意料。成子根本没有创业，半年时间里他一直在观望。而他的朋友，却只做了一个月的市场调查，就撸起袖子加油干了。结果朋友成功拿到天使轮和 A 轮共计 3000 万元的融资。有了资金支持，再加上抓住了市场痛点，公司很快步入正轨。

　　成子一事无成，只能去朋友的公司做他的员工。他是个好面子的人，原本的合伙人身份降低到下属身份，难怪对什么事都提不起兴致。

　　成子不该精神萎靡。因为机遇公平地交到了每个人手上。只是有人能立刻行动起来，有人却犹犹豫豫，最终被先行者落下一大段距离。

年轻时，有失败的本钱，完全摔得起跟头。即便被现实搞得灰头土脸，总结一番也能东山再起。与其犹犹豫豫，不如先大胆迈出第一步。

著名作家尤利西斯在大学演讲时，曾对台下的粉丝们说："既然你们想成为作家，那就赶紧回家去写。不要耽搁，先写起来再说。"

1989 年，香港财经作家梁凤仪推出第一部小说《尽在不言中》，收获很好的销量，为香港各界所熟知。此后，她出版了近百部小说，形成"梁凤仪现象"。

出版社赚得盆满钵满，她也名利双收，多好的双赢格局。她却"自断退路"，在香港成立勤+缘出版社。

很多身边的人劝过她，写作出书收益丰厚，何必要冒创业的风险？创立出版社，肯定要出版其他人的作品，一旦定位不准，很可能赔钱。写作都是有累积效应的，作者一旦搁笔，就算以后重新开始写作，也不会像之前一样畅销。到时候两头不着调，不是赔了夫人又折兵吗？

梁凤仪未听从这些善意的规劝，担任了董事长兼总经理。

事实证明，她不仅没有成为落魄作家，出版给她带来的收益，远比写作时要大很多倍。

是坐享其成，还是冒风险？这道难题会横亘在很多人面前。既得利益是诱人的，放弃是艰难的。

问题的关键不在于取舍本身，而在于机遇出现后，是否敢于立刻奔跑起来。哪怕奔跑的初期磕磕绊绊，甚至会摔倒，也要先跑起来。因为让你跑起来的，是对于梦想的执着和无惧挑战的勇气。

关于 19 世纪浪漫主义诗人柯勒律治，读者们不仅记住了他富有想象力的诗篇，还记住了那让人唏嘘不已的拖延症。

他的大部分诗作中，明显带着拖延的痕迹，比如代表作《忽必烈汗》《克里斯德蓓》等，最终都未能完稿。这些作品的创作，前后横跨几十年。估计这位老兄写着写着，觉得身子有些疲乏，或者有其他继续不下去的理由。反正时间多得是，先让身子骨歇歇吧。

可这一歇，这些作品就难逃半途而废的命运。

好友托马斯·德·昆西这样评价他："如今，我已渐渐明了，过度拖延是柯勒律治生活中的一个重要特色。那些认识他的人，想必没有谁会指望他遵守约定。"

任何喜欢拖延的人，心中难免存有愧疚，需要用某种方式释放这种愧疚。柯勒律治释放的方式很直白就是——致歉语。

一位出版商买下柯勒律治的一本诗集的版权。到截稿期，柯勒律治在写给出版商的一封信中，讲了一个很离奇的故事。

他说自己这本诗集的灵感，来源于自己吸食鸦片时产生的梦境。当他回忆梦境时，却被不速之客打断。至此，他再也找不到灵感的源头。

这个奇葩的理由，让出版商无话可说。

他不仅在创作文学作品时拖拖拉拉，对待身体健康也不怎么重视。他的健康状况一直不好，又吸食鸦片成瘾以致雪上加霜。本来需要立刻治疗，他却整整拖了 10 年。

拖延带来的心理压力是巨大的，尤其是截止期迫近的时候。最终，柯勒律治身边再无知己，就连他的妻子也离开了他。

可怕的拖延症，相信我们都中过招。总认为时间还充裕，没必要那么急急忙忙。身体疲惫、提不起兴致、各种诱惑，都能成为拖延的理由。拖延是一剂可怕的慢性毒药，味道还很不错。这种药喝上瘾，就会丧失梦醒时奔跑的能力。

想认真完成一篇文章，想成为某杂志的签约作者，想读完某位教授开列的参考书目……这些目标很普通，普通得不能再普通。但是不要因为它们不起眼，就不去付诸行动。

那些能一直坚持下去，内化成行为习惯的事，一部分是不需要经过理性思考的、不用付出过多体力、只需简单重复的行为，比如日常家务。还有很大一部分，就需要毅力去坚持，比如写作、锻炼。这些不那么容易形成习惯的事，制约着我们的执行力。人都有惰性，不愿意把自己搞得很苦。通常想：歇着吧，大不了明天再来。这一拖、一等，把想法永远停留在想法阶段。

有一万次心动，抵不上一次行动。因为只有跑起来，才能感受风的清凉。

请对自己说，我只是还没赢

他坐在我面前不停喝酒，一杯接着一杯。记得他以前滴酒不沾，怎么现在对杜康如此青睐有加？

"酒这东西，少喝一点怡情，多喝对身体不好。"我摁住他倒酒的右手。

"我要喝！都这副模样了，您还不让我再放荡、颓废一回。"

我只好由着他，让酒精麻醉疼痛不已的神经。

阿 P 大学毕业才三年。头一年他帮老板打工，换了两家公司。后两年自己创业，却倒在汹涌的市场浪潮中。

父母不会责怪他无能。市场竞争本来就是激烈的，有多年工作经验、人脉丰富的人士，尚且会输得灰头土脸，更遑论这个毛头小子。栽跟头正常，他还年轻，还有输得起的资本和时间。

阿 P 却不这么看，他的自信心早已伤痕累累。

何必这样自我摧残？下面这位仁兄的经历，比他可惨多了。

他在小学和初中各跳了一级。从机械制造专业毕业时，他还未及弱冠之年。继续留在校园或许是比较稳妥的做法。光电子专业硕士，听上去是一个处在研究前沿的学科。而研究生的课程，比本科时期更少。所以研二下半学期，他去一家私人企业实习。

实习生，说好听点可以积累社会经验；如果一语道破真相，那就是廉价劳动力。

他每天上下班时间和正式员工差不多，而收入水平却连同事的三分之一都不到。他却不甘寂寞，以一个实习生的身份，用自己的专业知识结合公司的研究成果，为这家企业申请了4个专利，其中2个专利实现投产，为公司带来几百万元的利润。

这次，老板不能再轻慢这位创新型人才了，用超出普通员工三倍的高薪，挽留他。他倒拽起来了，以去清华大学读博士为借口，婉言谢绝了高薪厚禄。

换作别人，肯定不会再去读什么博士。读书在很多人眼里，就是为就业做准备。现在却本末倒置，以后有他后悔的。

申请博士很顺利。才读了一个月，就有了"走对大门，走错小门"的感觉。他立刻调转枪头，考取天津大学管理与经济学部的物流供应链专业。读博的第二年，他萌生了创业的念头。

物流供应链，一个与我们日常生活息息相关的专业。其中生鲜和冷链物流，符合现代人对食品安全的渴求。然而就是生鲜和冷链，在现实中做得不是很好。如果能在这个领域有所建树，产生的收益可能以千万计。

他不是空想主义者，有了这个想法后，便立刻开始实地考察。足迹遍布七八个省市，几十个农产品种植基地都留下他的身影。

他会和老农们唠家常，会与跑长途运输的商贩一起算账，会向种植基地大户讨教，会和街头的小商贩、小老板提出合作意向。跑了整整一天，到晚上他还顾不上休息，在电脑上整理当日获取的信息资料。生鲜行业涉及诸多环节，每一环，每一个链条，他都要亲自去看一看，发现问题，摸解决之道。

做了完整的市场调研，项目正式上马。他做了一个车货对接服务平台，由于平台前期投入很多，需要后续资金跟进。但在说服投资人方面，显然不是他的专长。他将一次性投入的90多万元，全都赔了进去。这些钱，有父母的积蓄，还有很多向亲朋好友借来的钱。

为了避免更大的损失，他只好暂时关闭这个平台。回望杂乱不堪的办公室，他无奈地耸耸肩，还是先老老实实地做学生吧。

才消停半年，创业的欲望再次蠢蠢欲动。这次，他的目标是"生鲜物流平台"，当时O2O（从线上到线下）风靡一时。于是他想打造一个生鲜物流平台，将蔬菜产地和社区零售菜贩无缝连接。由于对农产品销售行业了解还不够深入，再加上难以解决农产品挑选、分拣、运输成本居高不下等问题，他再次"拌蒜"，又亏了100多万元。

父母对这个孩子失去了信心，不再像前两次那样，在资金和情感上给予全部支持。两次创业失败，他赔了将近200万元，却买到一条经验：只有同时保证资金流、物流与信息流，通过提高效率与压缩成本，才能产生盈利与可持续性发展。

第三次创业，他少了前两次的盲目，做了一份很完整的创业企划书。他对现有的老旧菜市场进行"生鲜商超化改造"，通过物联网技术与运营经验，运用互联网平台将菜市场进行提升改造，以现代化设计理念打造全新的菜市场购物体验，形成"互联网＋菜市场"的新型社区菜市场平台，使菜市场具备私人订制、大数据应用、平台导流、产品推荐等功能，从而实现 "互联网＋菜市场"的服务扩展与数据转换应用。

试点成功后，他开始做连锁店，把从产地运来的各种生鲜在店内进行挑选、分级，手下员工增加到 300 多名。他不仅收回了前两次亏损的200 万元，每年还净赚上千万元。

他是一位卖菜的博士，公司估值过亿。通往财富之路的路上，他曾两次摔得很惨。不过，他在心里对自己说："我不是输了，只是没赢而已。"

输和没赢，两种完全不同的心态。认输就是认命，给自己盖棺定论。而没赢，把目光投向未来，因为那里藏着赢的机会。

给自己一份希望，很自信地对自己说：我只是没赢而已。

拥抱幸福，请先让自己强大起来

小茶打电话给闺密蕾蕾，说有急事要找她，可是蕾蕾还没睡够。

"人命关天，你总不能见死不救吧。"小茶说到这个份上，蕾蕾只好告别温暖的被窝。还是那个老地方，那家颇有小资情调的咖啡馆。读大学时，她们俩经常在这里消磨午后的时光。

"怎么啦？又是他惹你生气啦？修理一番不就行了。"小茶不作声，闷着头喝咖啡。她要的卡布奇诺，没两口就喝完了。这哪是喝咖啡，分明是在喝大碗茶啊！

突然，小茶放下手中的马克杯，惶惶地问蕾蕾："他马上要去国外进修了，整整两年。这段时间我不在他身边，他会拈花惹草吗？要不要放他出国？"前两次，小茶的男朋友为了她，宁愿放弃国外进修的机会。估计现在想通了，前途和感情，男人一般都会选择前者。

相信每个即将开启异地恋的女生，都会有类似无法给出答案的追问。蕾蕾总不能打包票地告诉她："放心，他深爱你，肯定不会变心。"一且今后小茶的男友喜欢上金发碧眼的外国美女，她估计在心里会有掐死蕾蕾的念头吧。

蕾蕾只好含糊其词："这个不好帮你拿主意，还是你自己决定吧。"

"说了等于没说，我去问问别人。"

估计别人也会像蕾蕾一样打太极。世间万物都是运动的、发展的，两人的恋情亦是如此。

就在几年前，蕾蕾也和小茶一样，总是担心男朋友离开。只能给他约法三章：必须每天报告日程安排；电话必须即刻接听；任何要求必须无条件满足。

当然，蕾蕾不只是从他身上索取。她放弃了世界 500 强企业的录用，和他一起回到家乡。他选择创业，蕾蕾做起全职主妇，照顾他父母，料理所有家务。他在创业前答应蕾蕾，给他三年时间，一定会让蕾蕾过上幸福生活。

两年多时间内，蕾蕾和朋友圈渐渐失去联系，只能在网上获得一些零星信息：几位闺密都还单身，是各自领域内的"白骨精"——朝九晚五、风风火火，带着一群大老爷们"闯荡江湖"……

他确实有能耐，公司业绩蒸蒸日上，逐渐在市场站稳脚跟。按理说蕾蕾应该庆幸，苦苦守候近三年，不就等着这一天吗？

这些年商界沉浮和淬炼，让他褪去男孩的稚嫩，多了成熟男子的儒雅气质。而蕾蕾整天忙于家务，皮肤越来越粗糙，头发乱糟糟的，脸也没好好打理，黄脸婆一个。差距越来越大，每次想到这个，蕾蕾心房就会颤动。

终于，那个"假想小三"出现了。她比蕾蕾年轻，有能力，可以成为事业上的贤内助。可蕾蕾呢？除了会点家务，真没有拿得出手的东西了。做家务，保姆就能胜任。

蕾蕾狠狠地撕了那张补偿支票。青春岁月，不是几个臭钱就能补偿的。哭了整整三天，留下镜中红红的眼圈、满脸的憔悴。都怨自己，为什么要把生活希望都寄托在别人身上？

此前的不安全感，其实是她一手造成的。如果还是职场精英，如果有稳定、殷实的收入，还会这么担惊受怕？

蕾蕾决定回到职场。尽管过程艰难，但还是挺了过来，成为一家外企的中层管理人员。干好自己的事，实现自我的价值，远比从别人身上寻求安全感强得多。

认识阿德，是一次行业年会。蕾蕾表演了一套拳击操，引得全场男同胞一通怪叫，直溜溜地看着她腹部的马甲线。

为了这条马甲线，她请了私人教练，每周锻炼3次，每次一个半小时。说实话，外企工作很累，但身体是自己的，她不愿成为"年轻时拿命挣钱，年老时拿钱换命"的牺牲品。

锻炼一年来，身体确实强壮不少，以前经常会因为气候变化，身体就头痛脑热，隔三岔五去医院吊盐水。但现在几乎不给病菌什么机会。锻炼给了她自信，这份自信是职场生涯不可或缺的。

刚下舞台，就有好几位男士主动搭讪，阿德就是其中之一。他言谈举止中带着绅士风度，他是英国伯明翰大学管理学硕士，在英国有7年留学经历和3年工作经验，回国后，在一家运动器材公司做销售。他为人稳重，不太会说话。不过，他做得每一件事都很得体。和他在一起，总让人觉得很安心。

换作以前，遇到如此优秀的男士，蕾蕾肯定会惶惶不安。可如今，她很大方地接受他的邀请。

见了几次面后，他向蕾蕾表白。蕾蕾没有隐瞒离婚的经历。他说不介意，离过婚的女人分两种，一种是自己作的，一种是被逼的，蕾蕾属于后者。有过这样的经历，才会更懂得珍惜生活。大家岁数也不小了，需要过稳定的生活。

确立关系后，两人在一起的时间并不多。因为他们工作都很忙，周末也都在加班。不过，他总是主动向蕾蕾汇报情况，生怕她担心。这家伙，就是这么暖心。有了上次的教训，蕾蕾不会去过分盯梢。因为男人的心，不是靠盯梢就能拴住的。只有人格魅力，让他能持续发现你身上的不凡之处，他才会像个孩子，围在你身边"要糖吃"。

两周后，蕾蕾接到小茶的电话，说她男友出国进修了。

幸福，从来不是担心出来的，也不是幻想出来的。只有把自己变得更强，让自己更有魅力，幸福的馅饼才会砸在你的脑门上。

再纠结下去，黄花菜都凉了

天空很早就阴沉下来，滚滚雷声响了很长时间，期盼中的雨滴并未降临，干燥的风，略过皲裂的、一阵微风就能扬起尘土的大地。

土地太需要雨水滋润，老天爷却一直在纠结何时普降甘霖。

苗倒了，人死了，家败了，一片荒凉的景象……

合上书页，这才走出这幕人间惨剧。思绪，慢慢来到表妹身上。

这段时间，表妹认识了两个男生，家境都很殷实。一个帅气阳光，另一个风趣幽默，都是她碗里的菜。她满眼哀怨："以前还在叹息，'优质男'都到哪里去了？现在倒好，老天一下子塞给我两个，这不是给我出难题吗？选谁我都会心疼？"

任何人都很难帮表妹做出决定，因为她才是当事人，知道哪个男生适合自己。她只能继续纠结，继续和两个男生保持暧昧关系。可时间一长，两个男生眼见无法打动芳心，只好改变战略，转移目标。

这下表妹又开始和自己过不去，我怎么那么傻？为什么在爱情面前如此纠结？现在可好，一切都化作云烟，只留下我独自凭栏远眺。

这表妹，古灵精怪的，就连哀伤都弄得这么诗情画意。不过日常生活中，很多人确实在为某事纠结、苦闷。除了招来烦恼以外，纠结无助于任何问题解决。反倒是跳出"纠结模式"，方能让人重新见到曙光。

法国哲学家布里丹讲述的这则寓言故事，就是"过于纠结"带来恶果的极端情况。

故事主角是一只小毛驴。每天，主人会准备一堆草料供它享用。

这天，或许是主人好心，多买了一堆草料。当毛驴面对两堆数量、质量相等的草料时，它顿时懵了：究竟吃哪一堆呢？看看左边这堆，不错；再瞅瞅右面这堆，也很对胃口。

毛驴只能一会儿往左，一会儿往右，一直没有做出决断。结局是悲惨的，这头毛驴就在不断纠结、犹豫中，活活饿死了。

这头毛驴是生活中很多人的真实写照。当决断很难做出时，人们就开始犹豫、彷徨。

网上盛传的那道用来考验男友忠诚度的测试题，其实很无厘头。"当母亲和女朋友同时落水，你会先救谁？"这个问题是个伪命题。如果真发生这种情况，你还在纠结于先救哪一个的过程中，弄得不好两个人都淹死了。

所以啊，尽量缩短纠结时间，尽快跳出纠结模式，才能避免重蹈"布里丹毛驴"的悲剧。

公元前336年，马其顿国王腓力二世远征波斯前夕，在庆祝女儿结婚的宴会上被刺身亡。年近20岁的亚历山大，在危难之际继承王位。

亚历山大接手的是个烂摊子：宫廷内，一部分贵族主张拥立腓力兄长的儿子继承王位，伺机发动政变；宫廷外，北方各部落纷纷发动叛乱，而希腊各城邦在雅典城内公开集会，宣布废除马其顿的盟主地位，并为战争做着准备。

反对者们都摩拳擦掌、信心满满，因为亚历山大初出茅庐，威望不高、缺少经验，很难应付眼前的危局。他们认为，马其顿帝国将在内忧外患中土崩瓦解。

在一次紧急会议上，幕僚们纷纷向亚历山大建议："陛下，根据目前形势，应该放弃提沙里以南的全部希腊领土，集中力量安抚北方各部落。"

幕僚们说的情况，亚历山大也曾考虑过。他心里开始纠结：贸然出兵，很可能无法取胜，也会让叛乱者乘虚而入。如果不出兵，白白丢失希腊大片领土，也对不住父王的在天之灵。

这真是个两难的抉择。

但亚历山大不是平庸的君主，危急时刻，他迅速关闭纠结模式，做出自己的决断："我不会放弃马其顿帝国任何一寸土地，那是父王和无数将士用鲜血换来的。我要让希腊人明白，马其顿帝国依旧是他们的宗主国，任何胆敢挑战这个事实的反叛者，都将受到最严厉的惩罚。"会后，他亲率大军迅速平定北方的骚乱，行动之神速令人瞠目结舌。

平定北方叛乱后，是否立即出兵希腊，亚历山大也纠结过。有位大将劝道："北方部落刚刚平定，民心向背还犹未可知，要是此时再劳师远征，滋事者肯定会趁机再发动骚乱。到那时，腹背受敌，情况就不妙了。"

仅仅用了一天时间，他就决定不等改组王国，也不等北方部落向他效忠，就率领大军亲征希腊。

半个月后，亚历山大兵临雅典城下，执政官早被吓破胆，没有任何抵抗，便开城投降。希腊半岛上所有的城邦，都竖起白旗。不久，在科林斯召开第三届希腊同盟代表大会，选举亚历山大为终身盟主。亚历山大以闪电般的速度，迅速稳定了马其顿和整个希腊的局势。

面对尴尬局面，很多人会迟疑不决、踌躇不前，以致丧失扭转局势的最佳时机。而亚历山大则用坚定的意志和神速的行动，让所有叛乱者彻底臣服。正如一位军事评论家所说："速度就是他的兵器。"

不要再继续纠结下去了，否则黄花菜都凉了。勇敢一点、果断一点，你会在胜负未决时拿到最终制胜的关键筹码。

第三章

你越强大，世界就越公平

不想当"将军"的士兵，同样会是好士兵

写下这个标题，肯定有人会发难：是否具有"标题党"的倾向？大家都知道拿破仑的那句名言："不想当将军的士兵，不是好士兵。"现在反其道而行之，是否有哗众取宠之嫌？

首先要说明一点，我不想打击那些有理想、有目标人士的积极性。想当"将军"，如此雄心壮志值得鼓励。尤其是那些出身卑微的寒门子弟，不能"拼爹""拼妈"，只能"拼努力"。如果连"想当将军"的理想都没有，谈何成功？

但是一个命题正确，不代表它的反命题就是错误的。正如不想当将军的士兵，不一定就是坏士兵。

首先要搞清楚这句话中"将军"的内涵。"将军"，顾名思义就是领导者和决策者。能最终成为"将军"的毕竟只有少数。如果当前不具备当"将军"的条件，还要死抱着这个目标不放，那就是不开化的死脑筋。与其这样，还不如向现实暂时妥协，选择"曲线救国"的方式。

　　讲一个"打工皇帝"唐骏的故事。那年不到30岁的唐骏，接到微软美国总部的电话，邀请他出任工程师一职。

　　微软是软件业的巨头，能进入这家行业内的龙头企业工作，是多少年轻人梦寐以求的事。唐骏却对一纸邀约心存疑虑，因为他当时正经营三家公司。这些公司都由他一手创办，白手起家，且已经度过初创期，进入稳步发展、略有盈利的阶段。

　　而微软公司开出的薪酬，却只有区区5万美元一年。这些薪水，还不及他公司利润的零头。不过权衡再三，他还是接受了工程师的职位。

　　很多朋友都觉得唐骏疯了，放着好好的老板不干，去给别人打工，还拿着"微薄"的薪水。唐骏没有正面回答，而是抛出两个问题：同样是做软件，为什么微软可以做到行业内的老大，自己的公司却面临发展瓶颈？企业做大做强，究竟有什么秘诀？

　　朋友们支支吾吾回答不出来，唐骏说："这就是我去微软的原因，我希望在那里找到答案。"

　　果然在微软公司，唐骏在各方面迅速成长。在他离职时，总裁比尔·盖茨说："Jun，感谢你为微软做出的巨大贡献，我期盼着你重新回到微软的那一天。"

　　唐骏去微软任职前，已经是"内功深厚的将军"，可他却放弃了"将军"的尊贵，屈尊到微软当一名"士兵"。而现实生活中的很多人，根本还不具备"将帅之才"，却眼高手低，对于一些小事、琐事不屑一顾，还说："我是高才生，怎么能去做这种事？"这种一心只想当"将军"却不肯当"士兵"的人，注定不会成为"将军"。

当你具备了做"将军"的能力时，是否也一定要做将军呢？唐骏的另一件事可以给我们启发。

有一次，唐骏来到国内一所知名大学做演讲。演讲结束后，有一位学生提出问题："唐总，您拥有雄厚的资金、广阔的人脉、超人的能力。您几乎具备创业者需要具备的各种能力，为什么不自己当老板，还要给别人打工呢？"

这个问题，相信很多人都想知道答案。唐骏微微一笑说："创业无非是想获得财富，而我已经拥有足够的财富。根据马斯诺的需求理论，我早已过了生理需求和安全需求的阶段，我希望追求更高的自我价值。在我的价值观里，创业只能影响到自己的公司，而做职业经理人可以影响一大批公司，还能成为职业经理人的标杆。因此做职业经理人，更能实现我的人生价值，你觉得我还需要创业吗？"

唐骏不想当"将军"，他想当的是一个能影响"将军"的"高级士兵"。在"高级士兵"这个身份上找到自我认同，何必要纠结一个"将军"的名号？

职场中的每个身份，都有不同的价值，不论是决策者，还是执行者。如果天生擅长做决策者，那做"将军"确实是个不错的选择。假如不善于总揽全局，而能在细微处长袖善舞，要是硬出头做将军，或许会是一件很痛苦的事。适合自己才是最重要的，唐骏觉得职业经理人更适合自己，所以才不愿意再另起炉灶——自己当老板。

记得几年前，我曾贸然接受一个远远超过自身能力的工作，让自己陷入一片灰暗的世界。相比在原来那家公司的小职员身份，这个职位可以带来几倍的收入。而与加薪升职成正比的就是超负荷的压力。

起初以为人就应该给自己不断加压，不断激发自己的潜力。当各种不适症状袭来，还以为是体内的懒惰基因在兴风作浪。

不能给自己偷懒的理由！

不能在挑战面前有任何退缩！

其实那个时候我就应该及早去就医，去看心理医生，不然也不会有后来那么严重的后果。

大半年后，我的身体机能开始明显退化。经常头疼欲裂，恨不得用双手去砸头。记忆力和思维能力减退明显，一天到晚在找东西，特别是与工作息息相关的手机。夜间失眠严重，白天昏昏欲睡，对任何事物和人都提不起一点精神。每天都感受着"身体被掏空"的无力，仿佛被人无情地暴打过。觉得人生无意义，手头的每一项工作、生活中的每件事，都像事先编好的剧本。作为一个没有头脑的群众演员，只要配合导演喊"action"做出指定的动作。我常常会莫名其妙地把头埋在两手指间，用泪水宣泄找不到根源的痛苦。原本朝气蓬勃的生活，变成了煎熬和炼狱。想离开这"人间炼狱"，幸好这个时候父母及时赶到。直到那个时候我才明白：是那份不切实际的"野心"，让我沦落到中重度抑郁症患者的境地。于是决定放下，放下"不想当将军的士兵就不是好士兵"的妄念。

已经尽力，依然无法达到要求，再死撑下去就是不切实际了。重新回到适合自己的岗位，慢慢从抑郁的泥潭中爬出来。

所以，可以有想当将军的想法，但不必过于较真和纠结。如果自己没有当将军的能力，或者找到属于自己的价值认同，为何一定要成为将军？

要知道，不想当将军的士兵，同样会是好士兵。对于活着这个终极目标来说，将军和士兵都只是一个符号。

理想的工作，想想可以

大学生就业问题，一直是热门话题之一。也难怪，寒窗苦读十余载，父母放弃了做百万富翁的机会，把子女送进象牙塔。

虽然不指望这场长达 16 年乃至更长时间的投资，会带来什么收益，但至少应该有点收益吧。这个收益就体现在毕业后的工作收入上。很不幸，这场教育投资的收益和产出并不成正比，这才有了应届生求职的焦虑。

人都是趋利避害的，会从各种可能性中权衡，选择最有利于自己的方向。

尽管近年来公务员的待遇有所下降，招录比有所下降，但依然挡不住数以百万计大学生的报考热情。其中不乏海归、名校的研究生和博士生，他们瞄准的目标，居然是本科生甚至是高中生都能胜任的岗位。

呜呼哀哉，多年的专业研究和学习，或许将在几十年的重复性工作中慢慢消磨。但是这些"高知人群"，宁愿把自己荒废掉。

某种工作岗位，会被人为渲染得非常美好。就比如公务员，确实有些部门收入不错，工作很轻松，但这只是极个别现象，绝非大多数公职人员的生存常态。就是这样的少数，被有意无意地放大到整个群体。人都有盲目跟从的心理，对于不了解的领域，大多数人会这么说，那么姑且就这么相信吧。于是，新的"职场神话"就此诞生。

理想工作的产生，经过一个"发现个案——以偏概全——大范围传播"的过程，根据勒庞的"乌合之众"的理论或心理学的"羊群理论"，这成为一种共识。

不过，年轻时有些这样的"理想"，还是能理解的。谁不希望工作轻松一点、收入高一点、单位离家近一点、升职最好再快一点？真有这样的理想工作，请给我一次竞争机会。

这样的工作只能停留在"理想"中，带来希望和憧憬，却不能成为"职场江湖"中行走的保障。

小青没有活在这样的"理想"中。她刚入学时，我还帮她背过行李箱，带着有"路盲"绰号的她安全到达宿舍楼。到了求职季，她找过我几次，悉心向我讨教求职的经验。

我问她："工作有着落了吗？我们学中文的，求职范围很窄，不要过分挑挑拣拣。"

她低着头说："没有，我们班里一半人出国读研、保研或考研，剩余的人几乎还没人拿到录用通知书。我想好了，哪怕工资很低，先签下来，以后等自己有实力，再跳槽到合适的岗位。"

我又问她："没想过让家人帮忙吗？毕竟父母几十年来在社会上积累的人脉，或许能在这个关键时刻帮到你。"

她摆摆手说："我爸在私人工厂做普工，我妈身体不好多年在家休养，他们帮不了我。其实没关系，我根本不需要依靠他们。只要肯吃苦，以后一切会好的。"

心中默默为这个姑娘点赞。这年头，很多女生都有点娇气。工作地点离家太远，不去；收入水平偏低，丢不起人；老板说话让自己不舒服，本小姐不伺候了。

难怪社会上吐槽年轻人个性太强，很难管理。估计在他们心中，都暗自描绘出自己想要的一幅"理想工作"的图景。只要现实和这个理想有差距，立马撂挑子走人。

最终，小青去了一家私企上班，做普通行政文员的工作。背后，肯定是难以言状的付出和辛酸。

女生在职场中的生存状况，肯定要比男生差一些。小青的起点和平台不高，必须要付出十二分的努力，才能追上同龄人的脚步。估计小青就是带着这种心态，投入到烦琐、枯燥、看似平淡的工作和生活中的。

几年后，我在一次行业协会的年终聚会上再次遇到小青。她穿着一件黑色套装，显出匀称、婀娜的身材。几年来的职场洗礼，让她早已褪去学生时代的青涩，多了几分职业女性的自信和成熟。

她很有礼貌地打招呼，对我详细讲了这几年的经历。这6年来，她先后在3家公司任职，那家私企待的时间最长，整整3年半，直到它最终倒闭。

那是她的"原始积累"，她学到了很多职场技能，也收获了5张职业资格证书。经过两次跳槽，她的收入从每月不到3000元，增长到年薪30多万元。目前，她已成为企业中层管理人员，也是最年轻的部门经理。

就在年底，她还将去国外总部进修。

我问她："就在毕业时，你的同学有的去国外留学，有的在大公司工作，要不就是靠父母安排了清闲工作。那个时候，你有过怨恨吗？"

她莞尔一笑："哪有啊！不过有一闪而过的羡慕嫉妒，但是我很快就止住了这种'邪念'。那是别人的生活，和我有关系吗？我只想着如何让自己变得更强大，到那时候，还愁没有自己想要的生活吗？"

说得太好了，小青能过上现在金领的生活，就是她迅速和别人恋恋不舍的"理想工作"作别。

不要总想着工资、待遇，那样会束缚整个职业生涯的发展。在职场起步期，收入低一点、苦点、累点没关系。反正还有时间，厚积方能薄发，等你有了实力，理想的工作自然会来叩门。

真心希望初入职场的年轻人，有十年磨一剑的精神，志存高远的同时，也能脚踏实地。

"理想的工作"，想想可以，不过要实现，估计还要等很长一段时间，还不如老老实实提升综合素质，上天不会辜负努力过的人，时间会给你满意的答案。

莫为"诗和远方"，就忽略"眼前的苟且"

同事李姐最近苦恼极了。她的宝贝儿子阿伟，突然提出要休学。

"苦劝几个晚上，他根本听不进去。还说年轻时不折腾，以后会后悔的。"李姐一把鼻涕一把泪地说。

印象中，李姐的儿子并不是叛逆的孩子。重点小学、重点中学、实验高中，他在成长过程中的每一步都走在同龄人前面。他就读于一所211大学工科类专业，专业水平和师资力量在国内排名前三，毕业后找一份稳定的工作应该不成问题。

才读了一年多，她儿子就以专业乏味、看不到未来提出休学。

工科类专业确实比较枯燥，与文科的教学模式很不同，每天课程都排得很满，还有画不完的图纸、做不完的实验、时刻在头顶响起的"挂科警报"。每次高中同学聚会，那些学工科的同窗好友，白发数量常常是其他同学的好几倍。

然而这些，都不该成为休学的理由。读大学舒服了，你未来还会惬意吗？

把这个问题抛给阿伟，他沉默好一阵。末了，他引用那句充满诱惑力的句子回答我："生活不只有眼前的苟且，还有诗和远方。"

我反问他一句："你连眼前的苟且都应付不好，如何能享用一般人不敢尝试的诗和远方？"

这次，阿伟没有再提出反驳意见。

大部分人都嫌弃眼前的苟且，憧憬飘在天边的"诗和远方"。但这种向往很可能是一种逃避，一种喜新厌旧。当你在诗和远方待的时间久了，那里同样会变成眼前的苟且。

曾在一期家庭调解类节目上，看到一个哭哭啼啼的女人，身边坐着一个面容冷漠的男人。

两人在大学中相识，因为都深爱文学便走在一起。大学毕业后，女人没有继续"文青"道路，当上了一名"朝九晚五"的白领。而男人却依旧生活在"文学梦"中，工作也不找，每天勤奋码字，在某知名原创文学网站上日更 6000 字。

男人有梦，就该去支持。抱着这种态度，女人采取隐忍的态度，把男人养起来。女人光鲜的岁月就那么几年，年龄一天天增加，让她感到惶恐不安。

"你只考虑个人的梦想，何时考虑过我？和你在一起，我没有一点安全感，看不到一点未来。"忍耐到极限的女人，对着痴迷文学的男人开始咆哮。

这番咆哮，却换来男人一脸的不屑："我在创作，以后一定会红的，哪能深陷那些俗不可耐的生计？"

就是在直播过程中，男人还是这个态度，让场面一度失控。主持人问他，每月写网文收入如何？他支支吾吾说，坚持每天更新 6000 字，有全勤奖几百元，完成一部上百万字的超长篇，还有千字 10 元的结算稿费。平均下来，月收入千元出头。

一千多元的收入，在"北上广深"这样的一线城市，连最低生活保障线都达不到。很多观看电视的观众，纷纷在屏幕下方留下愤怒的文字。

而这位老兄却心安理得，依旧沉睡在不着边际的迷梦中。他的梦想如此"高贵"，是任何铜臭"无法玷污"的。

这种追逐"诗和远方"，是彻头彻尾地逃避责任，是不顾他人死活的自私。那些苟且于眼前生活的人，远比这种虚幻的"诗和远方"，要让人值得尊敬。

难道"诗和远方"只能与"眼前的苟且"水火不相容吗？

我们因为不想苟且于眼前，便来到诗和远方。当"诗和远方"变成新的"苟且"，我们只能用一种宽容心去接纳，去适应新的游戏规则，让自己变得更加强大。等过一段时间，你就会发现"暂时的苟且"，是为了长远的"诗和远方"。

德国哲学家尼采在他的《查拉图斯特拉如是说》中提出的概念——"精神三变"可以很好地概述"眼前的苟且"与"诗和远方"。

尼采用骆驼、狮子、婴儿这三种生物，来比喻人类精神的变化。精神会由骆驼变成狮子，再由狮子变成婴儿。

骆驼代表的是背负传统道德的束缚；狮子是象征勇于破坏传统规则

的精神；最后的婴儿则是代表破坏后创造新价值的力量。骆驼阶段象征顺从，无法选择；狮子阶段象征自身强大；而婴儿阶段则是回归本性。

尼采的精神三变，与宋代禅宗大师青原行思提出的参禅的三重境界，颇有异曲同工之妙。这三重境界是：看山是山，看水是水；禅有悟时，看山不是山，看水不是水；禅中彻悟，看山仍然是山，看水仍然是水。

第一个阶段是懵懂的，充满着好奇，以为看到的都是真实的；而在第二阶段，开始熟悉各种规则，对世界产生怀疑；而进入第三种境界，返璞归真，对于人生有了更真切的认识。

其实两者不是对立的，它们有着密切的联系。只有适应"眼前的苟且"，我们才有实力去探寻"诗和远方"。而只有以一种强者身份来到这个领域，才能真正认识本我和真我。

莫为"诗和远方"，就鄙夷"眼前的苟且"，它们都是人生历程不可或缺的元素。

活得累，都是因为"装"

总听到有人抱怨："活得真累，真想什么事都不管，睡上个三天三夜。"

就是这些喊累的人，前一秒还在不停抱怨，后一秒就切换到疯狂运转模式中，继续生活在所谓的"光鲜"中。

生活中不乏这样的人，总把自己想给别人看到的一面呈现出来：工作上顺风顺水、家庭幸福和睦。正应了中国人的那句话："家丑不可外扬。"丑的一面、差的一面，死活不肯给别人看到。其实，他们生活的"内芯"已经腐烂。为了面子，宁愿继续"装"下去。

莉莉就是这样的人。生活中的她俨然就是"情感专家"，平时她身边的朋友遇到什么感情纠葛都会找她倾诉，比如男朋友对自己不冷不热、拌嘴、不懂得关心人，全都找她倾诉。

她总会认真地进行开导，并说上一通大道理。人人都觉得她的婚姻幸福美满。

作为"情感专家"，她的婚姻怎能不幸福？平日里，她总会晒出一些老公给她买的礼物、做的小点心，引得朋友圈内一阵点赞。

但就在半个月前，莉莉却和老公离婚了。她怎么会离婚？很多人都不信。其实，莉莉的婚姻早已是千疮百孔。老公在外面有了新欢，但她为了面子，死活不肯透露。直到那个女人被领到家里，她才彻底"缴械"。

何必要这样为难自己。

一段感情，如果到了无法挽回的境地，为什么不尽早放手？为什么要为了顾及面子，让自己装作很幸福？这种因为"装"而引发的"幸福"悲剧，其实是所有悲剧中最痛苦的。

爱就是爱，不爱就是不爱。为什么要在爱的世界中，过着"双面人"的生活？一面是伪装出来的甜蜜，一面是躲在角落里的黯然神伤。

真正美好的爱情，绝不是靠伪装的泡沫编织出来的。伪装，只能在一时引来他人的艳羡。当点赞声"退场"，只会剩下一地鸡毛，等你慢慢收拾。更可怕的是，你装幸福"装"出瘾了。装是一种欺骗，是一种谎言。为了维持这个谎言，你需要编造更多谎言。成天生活在这样的状态中，你不累吗？

不只是在爱情和婚姻中，其他场合也是各种"盛装"出行。尤其是同学聚会，更成为"装"的秀场。

一开始，怀着满腔热忱参加聚会，希望在觥筹交错之间，回忆那段最纯净、没有任何铜臭的时光，回忆那些年暗恋过、追过的女孩。可酒过三巡，现场的味道就变了。各种励志传奇，不外乎就是遇到种种困境，想办法逐一克服，最后取得成功。

可若你真的有求于这些"传奇"，他们便会找出种种理由拒绝你。

难道"传奇"的大腿不好抱？非也！因为这些"传奇"只会胡吹乱侃，信口开河，哪有能力帮你？不过是为了在同学面前不丢面子，把自己说得无所不能罢了。

从那以后，同学聚会这类的应酬我再也不去，这和饭局是一个"味儿"。

为什么人们这么热衷于"装"呢？或许戈夫曼的"拟剧理论"能给出恰当的解释。

著名的社会学家戈夫曼指出：人生是一场表演，社会是一个舞台。而表演可以分为两种：一种是不知道自己在表演，即不自觉的表演；另一种是知道自己在表演，即自觉的表演。

人与人之间的交往，就是表演"自我"的过程，但这个"自我"并非真实的自我，而是乔装打扮的"自我"。

谈到表演的深层次原因，戈夫曼说他的兴趣始终是控制他人的行为，特别是控制他人对他的反应。这种控制，说到底是一种自我价值、尊严的体现。

为了达到这种目的，就必须进行"印象管理"，即呈现出一种特定的印象，引导他人自愿地根据他的意图而行动。这种"装"，这种表演，如果限定在一定范围内、一定程度中，还是有益的。

但如果"装"成为一种本能、一种条件反射，明明自己过得很不如意，还要装出万事如意；明明自己在工作中痛苦挣扎，还要装出很享受；明明自己很落魄，还要在他人面前显得很光鲜，就不啻是一种自虐。

不必把自己装得过于完美、光鲜，不代表放弃对于完美、光鲜的追求。追求的过程中，不必伪装某些不利于自己的内容。充分享受这个过程，哪怕最终的结果是不完美的。

常常问问自己：我究竟是为了什么而活？为什么要活给别人看？只有你自己，才能对自己的生命负总责。

活给自己看，不要再去"装"了，这样你会轻松很多。

请先设定好"人生小目标"

写作之人，总喜欢拿出拙作与众人分享。随着网络媒体的不断发展，除了在传统纸媒发表，QQ、微信、各类公众号也是展示作品的平台。每次晒出作品，总会引来褒贬不一的评价。有人大加赞赏，有人不屑一顾，还有人恶意吐槽……

在与读者的交流过程中，经常会听到一些让人"毛骨悚然"的话。

"我要成为当代鲁迅。"

"我要写出前无古人后无来者的作品。"

"我要摘取诺贝尔文学奖。"

说这些话的人，大多是一些少不更事的年轻人。他们涉世未深、豪情满怀，对未来有无限的憧憬。我们对于这些常人难以企及的目标，不能妄作评论。

有目标当然是好的。无论是学生时代还是走上工作岗位，都应该有远景目标。但通往远景目标的道路是漫长的，可能是几年、十几年乃至几十年。终极目标，就像远方的一个黑点，只能依稀可见。如果不及时调整，很可能在这趟遥远的旅途中迷失方向。

这种及时调整，不是让你放弃终极目标，而是先把终极目标分解成一个个人生小目标。小目标容易实现，"跳一跳就能摘到"。类似于升级打怪，这样不停地一步一步走，有助于自信心的提升。

中国首富王健林曾在一次采访中讲，人的目标是一点一点变大的。俗话说：心有多大舞台就有多大。但是心和舞台是一个逐渐放大的过程。

王健林有过很多高校演讲，他曾问这些学生，你们今后的人生目标是什么样的？大学生们的想法都差不多：成为中国首富，或者某一领域的佼佼者。当问及如何实现这些目标时，这些大学生支支吾吾，只说自己会朝着这个目标努力。

王健林接着说："你们有这些想法是对的，这是奋斗的方向，但是最好先设定一个自己先能达到的小目标。比如，先挣1个亿。"

此话一出，立刻在网上引起轩然大波。好家伙，1个亿还只是"人生小目标"，王首富果然是名不虚传。对大多数人来说，一辈子都不可能赚到1个亿。

其实王健林的话，有具体的语言环境，不应断章取义。他并不是让每个人都去赚1个亿，而是说人生目标的设定不该是模糊的，不是泛泛而谈，最好有具体数字。他在访谈的最后也补充道："即使赚不到1个亿，赚到5000万、8000万也是好的。"

回到前面那些文学青年，他们想拿诺贝尔奖，想成为当代鲁迅，想写出前无古人的作品……这些目标过于宏大，绝无可能一蹴而就。

不如设定一些人生小目标，比如一个月内在期刊发表作品；一年后，每月发表作品5-10篇；几年后，登上顶级文学刊物，在写手圈内小有名气。写作初期，我就设定了这样"三步走"的路线图。现如今，第三个目标也已经实现，我正着手制定新的人生小目标。

请先设定好人生小目标，"1个亿"。当然这是不是人民币，就另当别论。

"输得起" 才配得上更多精彩

　　总能在每年高考后，听到这样让人伤心的新闻：某位学习成绩优异的学生，发挥失常，饮恨考场。如果是成绩差劲的学生，这不过是在他们"体无完肤"的身体上多了一道伤疤。而对那些被光环包裹的"别人家的孩子"，这样的失败就是不可容忍的。

　　有人会直接走向极端。

　　多可惜！一个未来充满可能性的年龄，却成为生命的终点！这些悲剧或许源于那句：不能输在起跑线上。起跑线都不能输，更何况像高考这样决定命运的大考就更加不能掉链子。

　　但是考试的偶然性很多，不可控制的因素更多，不是"头悬梁锥刺股"就能金榜题名。

　　其实，考试表面上考的是知识和技能，深层次考的是心态。很多时候，心态对成败起到至关重要的作用。你有想赢怕输的心态，就会离失败的边界近一些。一旦你过于在意事情的结果，往往就已经埋下失败的种子。

无论是进行一场有关"生死"的考试、一次竞聘岗位的面试，还是能否追到一直爱慕的他。

很多输不起的人各方面都很优异。他们习惯成功，习惯在成长过程中"攻城略地"，习惯鲜花和掌声。

他们输不起，他们的输不起多半源于对自己期望过高。

如果稍微降低一些期望，一时的挫折可能就不那么可怕了。很多时候，境遇是相似的，但看待某种处境的态度，却能影响一个人的情绪和反应。

年轻时的王阳明，也曾经在科举考试中落榜。回到家乡，他把自己关在屋子里，就连对父母也不肯多说一句话。几天后，他对父亲说："我因此事深感羞愧。"

父亲以为他是为这次科举考试失败而羞愧，便用话语宽慰他。

可王阳明的话出乎意料："我是因为没考中而影响心情感到羞愧。"

睿智的王阳明，通过几天的反省，看清自己想赢怕输的心态。他清醒地意识到此前心态的波动，将会对未来构成极为负面的影响。

很多境遇都是暂时的，现在得不到，未来还有大把卷土重来的机会。可若心态坏了，以后很可能会在行动中受到拘束。

读初中时，有两个同学让我印象很深刻。他们是一对铁哥们儿，不好好学习，经常被老师责罚，家长也是班主任办公室的常客。

其中一人破罐子破摔，总是和老师作对，故意作践自己。他经常逃课，整天和社会上一些不三不四的人混在一起。最终，因为参与一次群架被学校开除。

另一个人意识到这样胡闹下去，不是长久之计。于是他开始认真学习，虽然基础不是很好，却也考上了普通高中，高考时还进了一本院校。

大学毕业后的同学聚会，这个考上大学的同学，进了一家外资企业，拿着一万元以上的收入。当我问到他的哥们儿时，他叹了一口气说："唉，去年冬天进去了。"

初中阶段，这两位同学都是失意者。但不同的态度导致截然相反的人生走向。只可惜，一切不可能重来。

16世纪，波洛尼亚大学教授弗尔洛有个得意门生叫弗里奥。弗尔洛有个镇山之宝——三次方程的解法，只传给了弗里奥。

可就在1535年，自学成才的塔尔塔里亚宣布，自己发现了三次方程的解法。弗里奥勃然大怒，立刻向塔尔塔里亚提出了"决斗"。

文人之间的"决斗"，不是血肉相搏，而是用实力说话。双方到公证人面前，每人交给对方30道题，规定在50天内解出这些题。结果塔尔塔里亚只用了两个小时就当场做完，弗里奥面对题目却一筹莫展。

塔尔塔里亚自此名声大噪，慕名而来的粉丝络绎不绝。

可是五年后，有人却将他拉下神坛，那个人就是数学天才费拉里，他发现了四次方程的求解公式。和几年前的决斗一样，塔尔塔里亚也以0∶30败北，从此一蹶不振。

《幽窗小记》中有这样一副对联："宠辱不惊，看庭前花开花落；去留无意，望天空云卷云舒。"古时候的先贤大哲，对待输赢就是这样宠辱不惊，去留无意。

过分在意一时的输赢，只会让你陷入负面情绪的包裹。心情坏了，扭转局势的希望也会大大降低。输得起，还可能将失败的经历踩在脚下；

而输不起，只会让你输掉全局。

采访过一名90后，他不到30岁就已经拥有10多项专利。

大二时，他在学校创业协会里创建了创新部，生产销售自己设计的自动遥控门设备，但由于成本较高，销路不畅，亏损了5000多元。

一年后，他又注册成立公司，获得4.2万元的创业补贴资金。这次的创业项目是他的一项专利——"自动保湿节水花盆"。可是花盆的"颜值"不高，销售情况很不理想，只好再次放弃。

第二年，他开始了第三次创业，彻底解决了"自动保湿节水花盆"的外貌缺陷，全新升级。升级后的环保智能花盆售价18元到38元不等，两三个月都不用浇水，一下子来自全国各地的订单让他应接不暇。

可好景不长，很多客户投诉，原因是花卉出现枯萎、死亡率高等问题。接踵而来的是大规模退货，退货率高达80%以上，不仅将之前赚取的利润赔了进去，还亏损50多万元。

雪上加霜，公司很多骨干在这个时候离职。因为无法及时偿还信用卡借款，银行追讨债务让他官司缠身，第三次创业失败。

随着互联网经济的崛起，他与几位朋友合伙开办了一家互联网科技公司，想从事互联网培训，然而装修完办公室，公司资金链就出现问题。他继而转战下一个创业项目，仍是基于互联网的，同样又是"出师未捷身先死"。

随后，他设计出一款App，但互联网的"烧钱"属性，让他又不得不两次歇业。

创业至今，失败过7次。但他从未停下脚步，反而越挫越勇。他输得起，源自享受努力的过程。放弃对结果过分地执着，反而能专注于努力本身。

通过这位 90 后创业者的经历，不禁想到一个新词——"韧商"（AQ）。

"韧商"是衡量一个人面对挫折和逆境的能力，是积极向上的心态的指数。"韧商"高的人很容易成为人群中的领袖，而"韧商"低的人，遇事容易方寸大乱，止步不前。

"韧商"就是要让自己变得越来越有"韧性"，更快更有效地处理破坏性的变化、逆境以及重大挫折。

想经营属于自己的精彩人生，"韧商"不可或缺。一个人的韧性和忍耐力，决定了他在事业和其他方面能够走多远。

"韧商"可能有些难以理解，说得通俗一点其实就是"输得起"。

"输得起"是一种良好的心态，是一种能够正确评估自己价值的能力，是一种尊重自己大过一切身外之物的能力，也是一个人内心强大的终极表现。

只有输得起，才配得上更多精彩。

没搞错吧！把职场首秀交给"它们"？

反转、跌宕起伏、状况不断……这些通常是小说中经常出现的桥段，目的是激起读者看下去的欲望。假如现实生活也如这般曲折离奇，那就不是一件美妙的事情了。

小鑫同学就深刻体会了一把如过山车般变化无常的命运。

2017 年 12 月，即将研究生毕业的小鑫，和同学一道参加某银行组织的校园招聘。经过三个月的重重竞争，他顺利通过了笔试和两轮面试，收到银行发来的拟录用通知。

拟录用通知，不等于最终的劳动合同。在合同的乙方一栏郑重签下名字前，还有性格测试、体检、政审及报总行核准等环节等着小鑫。在大多数人看来，后面的这些环节不过是例行公事。小鑫也以为大功告成，便主动放弃了其他几份录用通知和公务员招录考试的机会。

由于招录的时间跨度长达几个月，尽管相互之间是竞争对手，但并不妨碍这些年轻人成为朋友。他们组建 QQ 群，定期交流招聘的最新动态。但是一条消息，让原本板上钉钉的事发生了惊天逆转。

好几位群友在群里冒泡，说收到银行 HR 发来的体检信息。小鑫却没有收到类似通知，焦急万分，忍不住给招聘人员打了电话。对方语气冷漠，只说小鑫综合考评不合格，未被录取。至于综合考评涉及哪些内容，这位工作人员只字不提。

经过多方打听，一个新名词出现在小鑫和父母的视野中。性格测试，一项由招聘公司委托、ATA（全美公司）进行的测试，来源于英国。在国内应用有近 10 年，每年对招聘单位进行检测的人数有百万左右。检测环节根据招聘单位需要，采用不同的模块，事先设置题目，由机器出具评估结果，据称比较科学、权威。

这项测试判定小鑫的情绪风险等级较高，难以适应快节奏的工作，所以对她顺利入职"一票否决"。

一个在校期间性格开朗、学业优异、活跃于各项文体活动的女孩，居然被认定为情绪风险等级高，小鑫和父母很难接受。

愤怒和抱怨是肯定的，到手的美差飞了，换作任何人都无法淡定。但冷静下来以后，是否要对这些所谓的"猫腻""黑幕"耿耿于怀？

也许失去这个所谓的机会，根本不值得痛惜。

著名心理学家海德在著作《人际关系心理学》中提出归因理论，他认为人有两种强烈的动机：一是形成对周围环境一贯性理解的需要；二是控制环境的需要。为了满足这两种需要，普通人必须要对他人的行为进行归因。

因此，人们总想探究某个事实背后的原因，用通俗的话说，就是要有一个说法，唯有找到这个说法，才能让内心得到安抚。

性格测试不合格导致无法录取，只是表层原因，深层次原因和可能性大概可以分为两种：一种是存在所谓的黑幕和猫腻；另一种就是没有人为干预的痕迹，只是机器给出的评估结果。

先探讨猫腻或黑幕这种可能性。

职场是一个"江湖"。这个江湖完全不同于纯洁的学生时代。而招聘作为企业运营过程中的一个环节，同样逃不过江湖中的"刀光剑影"。特别是那些性价比高的岗位，难免会有人动了"贼心"，采用不正当手段"巧取豪夺"。

一个招聘中存在种种猫腻和黑幕的公司，充斥着任人唯亲的现象。管理者和员工的关系，被各种关系裹挟，呈现出一种亲疏远近的涟漪型递减模式。在这个关系模型中，与管理中心关系越近的人，越能取得更多资源和利益；那些离中心点较远的人，似乎无论如何努力，都无法进入核心圈。

人都活在希望中，如果正常晋升的希望被剥夺，时间一长就会让人心生很多负面情绪。始终生活在压抑中，始终去面对和处理各种复杂棘手的关系，消磨的是意志和激情，让人身心俱疲。人生需要希望，若工作给不了你希望，还是离开的好。

接下来就是招聘中不存在猫腻这种情况。将招录员工这样的大事，完全托付给一台机器和一堆数字，是否过于草率和任性？

听过很多 HR 抱怨招人难。也许凭借主观感受，判定应聘者和岗位是否匹配的时代早已过去。可能很多求职者在面试中侃侃而谈、对答如流，进入岗位后却和面试中的表现大相径庭。于是，诸如性格测试等客观评价手段粉墨登场。

这个时代，人们就喜欢定量分析。将模糊的性格、能力，量化成一堆数据，来排除主观上的误判。然而这类测试，真能超越招聘者的主观判断？

这就犯了"数字妄想症"。

数字确实很直观，但数字建立在理想化的模式中。和实际情况相比，这类测试存在一定的局限性。就如实验室的数据，不一定能马上应用到实际生活中。这类测试也是一样。只能作为招聘的辅助手段，而不能最终决定是否录用。

很可惜，事例中的银行却本末倒置，宁愿选择相信冰冷的数字和机器判定的结果，也不愿意给这个优秀的年轻人一个机会。

从这个环节上，似乎就能看出公司领导对待员工的态度。招聘上如此，同样也会将诸如考核、晋升等大事随便托付给机器。

领导高高在上，员工自然会敬而远之或者疏离。企业安稳时，看不出有什么问题。一旦出现风吹草动，矛盾就会凸显出来。一个缺乏凝聚力的团队、一个管理者和普通员工关系疏远的公司，注定是走不远的。

综上所述，小鑫确实不必再为这份本来就不值得拥有的工作，去浪费宝贵的时间。与其纠结，还不如找寻一份更适合的工作。

其实小鑫如此中意这份工作，也是看重其稳定的收益。但是稳定的收益，不一定适合每个人。有人喜欢"岁月静好"，便可以在这种能一路望到头的工作中自得其乐。而有人喜欢挑战，喜欢不确定性。过于平稳的工作，在新鲜期过后，会让人心生厌倦、怠慢。当你开始厌倦这份工作，想要转到一个更适合自己的领域时，需要付出很大的代价。

很多职场类图书都提到，首份工作对于一个人的职场生涯很重要，绝不能等闲视之。

大多数人只把目光投向工作的收入，或者是否稳定，而忽略工作与自己性格和兴趣的匹配度，这是一种要不得的态度。因为或许在未来的三五年，乃至十几年后，你就会为当初的选择而懊悔。

工作从来没有好不好，只有适不适合。当你决定将"职场首秀"托付给一家企业时，请在心里默念这句话。

珍惜你的"职场首秀"，就像珍惜你的生命那样。

第四章

这么努力，
只是不想让自己平庸至死

要发现问题，更要找到解决办法

　　最近，婷婷的公司在搞软件测试，加班已成为家常便饭。她的男朋友勇哥不放心她深更半夜走在大街上，便每天开车在她的公司门口等，往往要到晚上 10 点，打着哈欠的婷婷才疲惫地走出来。

　　这天晚上，看到婷婷出来，勇哥立即从车上下来，拉开车门。换作平时，她一定会向勇哥哆哆地撒娇。然而今天，她一屁股坐到副驾驶位置，一言不发。勇哥拿出早已准备好的慕斯蛋糕，很关切地说："你还没吃什么吧，先拿这个垫垫饥，附近新开了一家港式茶餐厅，味道不错。"她没搭理，拿过蛋糕，便吃了起来。

　　勇哥又拿话逗她："刚才在朋友圈看到一则很好玩的笑话，想不想听听？"她"哼"了一声，算是对他献殷勤的回答。

　　会不会在哪里得罪了她？勇哥正在反省时，婷婷终于憋不住心中的怒火："我怎么遇到这种顶头上司？向他提建议，让他改进软件中的 bug

（漏洞）。他不仅不感谢我，还把我说了一通。哼，等以后软件出问题时，有他求我的时候。"

婷婷一通抱怨结束，勇哥这才问她："你向主管提出问题时，有没有一并把解决办法告诉他？"

她白了勇哥一眼："我是他的手下，又不是他的保姆。解决方法应该由他考虑，还需要我操心？我能发现问题就已经很不错了。"

勇哥没有争辩，只是讲了一段打工皇帝唐骏的往事。

唐骏加入微软两年后，发现 Windows 系统的中文版问世，总要比英文版慢上一年。为搞清楚产生这个问题的原因，他请教了很多同事。大多数人告诉他，这主要是因为软件开发的缘故。

由于微软诞生于美国，主要面对以英语为母语的人群，而使用中文的地区是新开发的市场。如果要彻底解决这个问题，就必须对整个系统的源代码进行改写。这项工程很浩大，可能需要大半年时间。

到这时候，唐骏才明白：原来大多数人早就意识到这个问题的存在，只是因为找到解决办法需要耗费太多时间精力，因此便把问题本身丢给老板。面对这样的"半成品"，工作本就很繁忙的老板又怎么可能听得进去？

从那以后，唐骏在闲暇之余又多了一项工作：研究解决 Windows 系统中文版与英文版不同步的问题。他自己开发模板，反复进行论证。在此期间，有好心的同事提醒他："我们本职工作已经很累，下班后就应该好好放松一下。这不是你分内的工作，费这么多心思做什么？"对此，他只是一笑了之。

　　半年后，唐骏把一整套方案提交给顶头上司。很快，这套方案被转送到技术部门进行测试。经过三个月调试，公司总部采纳了他的方案。困扰高层多年的问题，终于彻底被攻克，Windows 系统所有版本都能同时发布。

　　顶头上司很激动地对唐骏说："Jun，你不是第一个提出这个问题的人，却是第一个拿来可以实施的解决方案的人。我敬佩你的精神。"很快，唐骏的职务得到了提升，并获得脱产培训三个月的福利待遇。

　　向老板提建议，本来就是一件需要好好掂量的事。如果提的问题不痛不痒，老板可能会认为你小题大做，这点问题也来麻烦我。如果提的问题涉及要害，最好附上解决办法。

　　只是单纯指出问题，肯定会让老板不舒服：既然已经发现问题，为什么不再深入思考对策？

　　其实不只是向老板提建议需要这样，平时工作中也请多想想解决问题的对策。

　　不要指望别人来帮你解决问题，毕竟企业不是慈善机构。此外，你不可能一辈子只是底层职员，今后很可能是某一层面的领导者。思考解决问题的办法，其实是在培养你的战略思维。这不是没事找事、多此一举，因为你不仅仅是为你的老板打工，更是为你的职业生涯、你的前途打工。

　　婷婷明白了这个道理，不再抱怨她的顶头上司。

　　别人看到问题，而你能解决问题，这才是在激烈的职场竞争中制胜的法宝。

你那么努力，为什么依然过得不舒坦？

"今晚临时加班，改天再聚吧。"一周前，约好闺密芳芳逛街、吃西餐。然而计划赶不上变化。

就在刚才，老板气急败坏地闯进办公室，"啪"的一声，把昨天完成的调研报告摔在桌上："写的什么玩意儿！今晚必须拿出让我满意的版本，否则明天就别来上班了。"

老板是个喜怒无常的人，尽管心生哀怨，却不敢违逆。只能对不住闺密。工作后，犹如一枚不停旋转的陀螺，不敢有任何停歇。当家人和朋友问起在忙什么时，自己也找不到答案。

一直问自己这个问题："时间究竟去了哪儿了？"

后来才知道，很多同龄人都面临类似的困惑，我们这一族群有个雅号——"穷忙族"。

"穷忙族"忙得昏天黑地，忙得不知周末和休息日。这种自虐式的敬业精神未换来丰厚的收益。拿着每月不到 5000 元的收入，房租就刨去一大半，加上吃喝拉撒，买几件衣服，基本上就是月光族。假如再遇到朋友的红白喜事，财政赤字是妥妥的。

穷忙族，没有自己的规划。只要老板、上司一声令下，便立马充当"救火队员"。当久了"救火队员"，往往会迷失自我，丧失自我思考能力。

"救火队员"式的努力，只是机械的、低效的努力。这种努力是不折不扣的事倍功半，缺乏目标和方向性。时间一长，结果只能是原地踏步。

时间管理中有一个很著名的"四象限理论"，将人们要做的事分为四种：重要且紧急的事、重要但不紧急的事、不重要但紧急的事、不重要且不紧急的事。

相信只要是智力正常的人，基本不会去碰不紧要且不紧急的事。重要且紧急的事，肯定是大家竞相追逐的目标。可问题出在中间两项：重要但不紧急的事、不重要但紧急的事。人们常常会在这两者中不知所措。大多数人权衡利弊后，会把重心放在不重要但紧急的事。

"火烧眉毛"或许就能形象地描绘出这种选择。烈焰烧到眉毛，还能无动于衷吗？明天的一场考试、马上要交的报表或报告、即将应对的检查……这些紧急的事，在眼下显得很重要，但如果拉长时间维度，就发现它们并非弥足珍贵。

不是说不做这些不重要但紧急的事，而是说是否该把部分视线放在另一些事上，比如身体健康。

连续加班、熬夜、饮食作息不规律……身体健康，被放在最微末的地位。哪怕精神萎靡、食欲不振、关节疼痛等亚健康症状的出现，都没能让这些工作狂、加班狂放下手中的活计。

他们嘴上总挂着那句听上去很励志的话："趁年轻，就不该过分安逸。稍微透支一点，不要紧。"

保持身体健康，在年轻时显得不那么紧急。但从长远来看，健康绝对是最重要的因素。低估了身体健康的重要性，年老时肯定会懊悔不已。不要低估眼前这些不太重要的事，否则迟早会受到"惩罚"。

可是，如何判断一件事是重要不紧急还是紧急不重要？标准很简单，把参照时间拉长，思考这件事对你的人生会产生什么影响。

大学同学小雯，以前忙于各种琐碎事务。她从事销售工作，没有固定的上下班时间。业绩好的时候，月收入超过 3 万元；而遇到销售淡季，基本上只有保底工资。收入不稳定倒是其次，她主要觉得这份工作无法给自己带来成就感。

每次和客户应酬，她都有一种委身于人的感觉。她不喜欢这种感受，对工作越来越厌恶。渴望改变，但却不知道该如何改变。

小雯静下心来，详细分析手头上的各类事务。那些不太必要的应酬，首先成为她手中奥卡姆剃刀"下手"的目标。节省下来的时间花在读书和写作上。很多东西无法从直接的生活经验中获得，只有那些睿智之言才能指点迷津，让我们拨开重重迷雾，让我们柳暗花明。

读了大量作品，小雯有了很强的表达欲。她开了微信公众号，自己有针对性地读书、写作。第一篇公众号文章，就收获超过 10 万次的点击量。

一年过去，她利用闲暇时间，总共撰写了 110 篇文章，80% 都是爆文，还有 10 篇文章的网络点击量突破 1 亿次。

粉丝，与日俱增。微信公众号后台，每天的留言密密麻麻。她很注重与粉丝的互动，只要是思维正常的留言，她都会回复。成为"网络红人"后，各种约稿越来越多。

这些成就，都是在她的业余时间取得的。其实写作并不是紧急的事，却对她未来的发展很重要。在她认为合适的时候，她辞去工作，彻底将写作升级为主业。

小雯在写作上的成长历程，诠释了做好重要但不紧急之事的必要性。人要学会掌控精力分配，别被眼下貌似非做不可、实则效用不大的事情牵制，腾出更多时间去做关系长远的真正的大事。

他只是一个小公务员，职级最低的那种，上有局长、处长、科长，就是办公室年长的同事、下属事业单位的负责人，都能对他颐指气使、吆五喝六。

工作近10年，始终原地踏步。和他一同进机关的人，大多提了科长、副科长，还有人荣升处长。只有他，还是一个小科员。家人坐不住了，让他动动脑子，总不能一辈子都是科员吧。他笑笑，不置可否。

这10年，他一直在做一件事——研究蒋介石这个在中国近现代史上有影响力的人物。

各大高校研究蒋介石的学者，多如牛毛，根本不差他这个半路出家的和尚。朋友和家人纷纷劝他尽早放弃。他还是笑笑，依旧翻看那纸张泛黄的史料。

做科员的第十年，他终于迎来人生转机。那是一次国内研究蒋介石学者的学术交流会，他把一篇8000多字的论文，投到征稿启事上的邮箱。

一个月后，他竟收到组委会寄来的邀请函。更出乎他意料的是，他被安排在第一个发言。

这次发言后，他得到美国一位终身教授的亲笔信函，请他做自己的研究助手，并在信中表示想把自己的学术衣钵传给他。也是借助这位终身教授的平台，他有机会接触到收藏在胡佛研究所图书及档案馆的蒋介石日记原稿，从而能撰写出更贴近史实的研究论文，实现了人生逆袭。

找到了属于你的重要但不紧急的事，那就坚持下去，不必过分在意别人的看法。哪怕暂时过得不舒坦，只要方向正确，终有一天会开花结果。

你那么努力，为什么还过得不舒坦？首先要问一下你是否选对了努力的方向。如果选准了方向，那就坚持下去。

别把自己太当回事

骆驼行走在沙漠中，背上停着一只小小的苍蝇。骆驼日夜前行，终于通过荒无人烟的沙漠。苍蝇享受搭便车的惬意，用略带讥笑的口吻说："谢谢骆驼大哥！没有你闷着头憨憨地走，我这个天才也不会这么快通过沙漠。"

骆驼转头看了看苍蝇："你不说话，我还没发现你呢。现在你要离开，根本无须向我道谢。你的分量对我来说完全可以忽略不计，驮你根本不费力气。别把自己看得太重，你以为你是谁。"

越是渺小的东西，越会把自己想象得很强大、很重要，正如故事中的苍蝇。你把自己当回事，别人也会这么想吗？情况常常不是这样的。也许在其他人眼中，你的作用和地位不过如此而已。你自认为的重要，只是你臆想出来的。

正如三国时期的许攸，在官渡之战胶着之际离开袁绍，投奔曹操。许攸未辜负曹操的期望，献计火烧袁绍粮仓，彻底扭转官渡之战的局势。

官渡之战后，许攸不断在众将面前吹嘘自身有多么重要，自恃其功而屡屡口出狂言，终因触怒曹操而被杀。

其实在许攸之前，还有一个人犯了同样的毛病，他就是祢衡。

"大儿孔文举，小儿杨德祖。余子碌碌，莫足数也。"天下所有人，在祢衡眼中都是不值一提的平庸之辈，俨然一副"天下才一石，我独占八斗"的狂妄面孔。最终，他惨死在黄祖手中，死时才 26 岁。

许攸和祢衡之死，就是过分看重自身的极端后果。太把自己当回事，其实是一种自恋乃至自大的表现。

自恋者眼中，自己总是那样完美。这种自恋、自大的思维，除了会阻碍自身发展，也会影响和周围人的关系，更可能引来别人的嫉恨。

当别人用"狼"一般的眼睛看着你，你还能过得安稳、舒心吗？过分看重自己，只能让你在别人面前自讨没趣。

著名剧作家萧伯纳在莫斯科访问时，遇到一个活泼可爱的小姑娘。她长得天真可爱，一对水汪汪的眼睛炯炯有神，头上扎着一个大蝴蝶结。

萧伯纳和这个孩子玩了很久，临别时他对小姑娘说："回去告诉你的妈妈，今天同你一起玩耍的是世界有名的大作家——萧伯纳。"

小姑娘却不买他的账，学着大人的语气说："回去告诉你的妈妈，今天陪你玩耍的是苏联小姑娘娜塔莎。"

小姑娘的态度很明确，管你是谁，在我眼里你只是一个留着长胡子的老人？

一个人真正伟大之处就在于他能够认识到自己的渺小。

别把自己看得太重，这是一种修养，一种胸怀，更是一种处事的哲学。

试图通过傲慢和张扬满足虚荣心，最终只会自找难堪。

经常会听到朋友抱怨说，老板怎么不厚道，自己累死累活为公司创造效益，工资增长却完全不符合预期增长，典型的投入和收益不成正比！真想辞职不干，看老板在自己离开后，会陷入怎样的窘境。让他明白，不尊重人才，会是什么样的结果。

还真有人将这个想法付诸实施，然而企业依旧正常运行，各项业务未因某人的离去中断。反倒是辞职者，频繁出入人才市场，不得不重新包装自我，努力将自己"销售"出去。

现代企业制度中，分工越来越精细，每个人在公司里发挥的作用，其实是很微小的。如果把企业比作一间房，那么你就是其中一块砖。如果把自己看得过重，就会本末倒置。

太把自己当回事，可能会带来无尽的烦恼。因为这些工作，你抱怨要干，不抱怨也要干。想撂挑子走人，想学那些"世界很大，我想去看看"的"裸辞族"，烦恼会像个甩不掉的虱子沾着你、缠着你，让你陷入更大程度的惶恐中。

何必太把自己当回事？把自己看轻些，可以卸下过重的心理负担。降低对自己期望值，心中的苦恼也会少些。

苦恼都是自找的，在错误自我的指引和唆使下，你只会在茫茫"苦海"中越陷越深。

不过分把自己当回事，可能会闪耀出人性的光芒。不过分把自己当回事，能让你以一种正确的、虔诚的心态，面对前行道路中的困难，能让你收获良性的人际关系，更能磨砺出让他人敬重的人格品质。

你只是自以为很努力

这个竞争激烈的年代，不努力是不行的。有句话说得好："努力了不一定成功，但不努力一定不成功。"努力是先决条件，是取得成功的"入场券"。

大多数人都觉得自己很努力。很多学生宣称："我每天认真听课，作业仔细完成，做好复习、预习。"

职场中的人士，在工作中，就连休息时间，也被密密麻麻的日程填满：抓住了甲乙丙丁，又不愿放弃 ABCD。到了深夜时分，看着完成的工作，心中的满足感和成就感油然而生。

这样努力够了吗？现实似乎对此并不满意。收获季节，很多人耷拉着脑袋，对收获与付出不成正比耿耿于怀。"我这么努力，还不能取得好结果，这怪不得我。"

小军就如上面描述的那样，自诩努力，收益微薄。

上课时，我们都会在思想上"溜个神"，冒出一个荒诞不经的想法。

胡思乱想时，老师与我的"知识传输系统"暂时中断。可是小军绝不会这样。他的注意力全在老师身上，笔记本上都是密密麻麻的记录。

小军的笔记本简直是老师教案的拷贝，遗漏的笔记，找他补回来即可。午休时间，他还在教室内奋笔疾书。放学后一起回家，他不会搭理任何人的邀约，在那张破旧的写字台上继续忙碌着。写字台上堆着一本本练习册、辅导书，是他日以继夜辛劳的成果。

我不忍心去打扰他，继续在室外"不务正业"，等到释放完青春的荷尔蒙，才回到自己的房间。

可是每次考试结果出来，小军都会变得愤世嫉俗："我每天都这么辛苦，怎么才拿到这点分数？看看你，不知道在做什么，经常能进前三。老天真是不公平，凭什么？"

凭什么？我只不过方法上比他好一些。知道他心有不甘，只好让他发泄。

他以为自己很努力，但是功夫都用在刀刃上了吗？上课认真听讲，不错；午休在赶作业，没问题；晚上抓紧时间温习功课，多好的学生啊！但24小时中，除了睡觉、吃饭，就只有学业，他的脑子受得了吗？看似很努力，不荒废任何时间，实则学习效果很差。

如果每天花在学习上8小时，只有1小时能用心学进去；还不如休息2~3个小时，剩余的时间学习效果更佳。

只可惜小军不明白这个道理，认为自己还不够努力，便变本加厉地压榨自己。高考后，他去了一所三本院校，此后就断了联系，再无他的消息。

再说说同事秦小姐，她也是一个大忙人。快要 30 岁了，还没谈过恋爱。我和秦小姐关系不错，算是她比较聊得来的 "蓝颜知己"，好心把同样单身的优秀男士介绍给她，见了一次面就再无下文。她实在是没时间，也不愿意匀出一部分时间谈恋爱。

情感问题属于隐私，在此姑且不表，还是说说她究竟在忙什么吧。其实每日的忙忙碌碌，完全是她 "咎由自取"。

秦小姐在一家国企工作，每日朝九晚五。除了极为特殊的情况，每天基本上都能按时下班。就是这些业余时间，秦小姐做到物尽其用：星期一学瑜伽，星期二学日语，星期三学空手道，星期四学插花，星期五读书沙龙，星期六写作，星期天则在锅碗瓢盆上忙碌。

除了这些，她还要悉心打理她的微信公众号、今日头条号、简书号和微博。更新消息、文章，与粉丝交流互动，忙完这些常常已是凌晨时分。有人不禁会说，这样的生活不是蛮好的嘛，文的、武的都有，多丰富啊！

如果只是玩玩而已，这样的安排确实不错。但秦小姐不这么想，她希望自己每一样都能做到最好，做到极致。

那么问题就来了：一个人的精力就这么点，把有限的精力投入到无须努力的领域中，能取得最佳的效果吗？

压力、压强的物理原理，相信大家都学过。当压力一定，接触面积越小，压强就越大；反之压强就会变小。

秦小姐能施加的"压力"就这么点，却要平摊在瑜伽、日语、空手道、插花、写作、厨艺上，能有多大穿透力呢？结果她每样学得都不精，微信公众号、今日头条号、简书号、微博也都经营得不死不活。

　　"我觉得自己已经很努力，不成功不是我个人的问题。"遇到失败或不如意时，这句话总能成为他们宽慰自己的理由。这样有助于走出精神上的困境，可是如果想彻底解决问题，就该想想这种自认为的努力，是否努力到点子上了。如果这种努力不给力，甚至属于方向性错误，还是劝你趁早调转枪头，找到新的努力方向。

　　不要总把"我很努力"挂在嘴上，努不努力，众人看在眼里。多反思一下努力本身，这才能让努力变得更有成效。

人生，不要浪费在各种规划中

参加高考前，他的心中有一幅美好图景：报一所中意的院校，读自己喜欢的专业，毕业后拥有一份令人艳羡的工作。然而这些规划和设计，随着新鲜出炉的高考成绩而梦碎。

考分比预估低了很多，他以几分之差被高校拒之门外。想复读一年，可是父母离婚，再无财力资助他。无奈之下，他只好选择工作。

正巧广播电视台下属的印刷厂招聘工人，不错的待遇引来不少应聘者。他没有重蹈高考失利的覆辙，顺利通过招工考试，成为一名印刷厂工人。

多年校园生活，哪见过车间内如此恶劣的环境？工作一天后，手上、身上满是黑黑的油墨，还有从机器和各种成品中不时散发的难闻气味。为了生计，他只好克服这些困难。下班后，他会抽空看几页书。不过没有什么明确计划，只是把眼下的工作做好。

一年后的某天凌晨，他已熬夜工作十几个小时，身体处在体能极限，当他开始打扫机器时，突然感觉手指一阵剧痛。仔细一看，原来手指不小心夹在滚筒里，怎么也拔不出来。十指连心，他疼得差点晕厥过去。在几位老师傅的帮助下，好不容易从滚筒中抽出血淋淋的手指，鲜血如泉涌般喷射出来。负伤后，他在家中休养了几个月。

由于手指不灵便，不能继续在印刷厂工作。经过朋友介绍，他成为一名电视台的临时工。临时工好比是一瓶"万金油"，什么事都要干。只要别人有需要，再苦再累的活他都顶在前面。

有一次，剧组要去条件艰苦的地方拍摄专题片，台里很多正式员工都想躲这桩苦差事，他却主动请缨出战。经过几个月拍摄，他熟悉了电视专题片的制作流程。后来又去亚特兰大奥运会现场拍专题片，因为文字功底很好，受邀成为兼职撰稿人。但他还是奉行做工人时候的观点，无论什么境遇，先把手头的活儿干好。

31岁那年，他终于从幕后走到台前。不是科班出身，也没有任何主持经验，他愣是拿下这桩瓷器活，主持直播新闻节目——《南京零距离》。

"老百姓最恨有些地方官员，把城市修得像欧洲，老百姓口袋却穷得像非洲。因为对老百姓来说，大马路大广场，远远不如低保、医保来得实惠。"由于在节目中观点犀利，敢于说真话，他很快圈粉无数，被人们称为平民代言人。

做了几年《南京零距离》，他终于登上那个使他"一战成名"的平台——非诚勿扰。作为一档相亲类节目，本来不具备成为热播栏目的潜质。但节目里，他能让嘉宾说真话、演自己；也能与点评人相得益彰，并让后者也精彩纷呈，这种效果，让节目的受众群不断扩大，成为同时段收视率第一后，全中国的人都知道了这个光头主持人——孟非。连续三年，他荣获《新周刊》颁发的年度最佳主持人。

很多人羡慕他的成功，觉得他的成功是事先规划好的，抑或是他在逆境中，有着一颗成为将军的心。

他却在公开场合纠正这种观点，他说："我不太赞同'不想当将军的士兵不是好士兵'这个观点，大家都去当将军，谁来当士兵冲锋陷阵？我没有想到自己会成为主持人，更不可能去特意规划。一个人踏踏实实做好每件事，有担当，负责任，就不错，不一定要有什么规划。而有些人一直都在规划，结果一事无成。"

没有必要把人生都浪费在各种无用的规划中。他把注意力盯着当下的事，做好眼前的每件事，积小胜为大胜，最终被命运之手推着一路前行，抵达自己的事业巅峰。

第五章
你不放弃，没有人会轻易否定你

莫让冲动把你送进"死亡榜单"

　　微博热搜上曾出现过一份"2017 年创业死亡榜"，引来不少网友的点击和唏嘘。

　　榜单前端是一些共享单车，比如悟空、町町单车等这些耳熟能详的名字。昔日这些叱咤风云的品牌，却在市场浪潮的冲击下沦为激烈竞争的牺牲品。应了苏轼那句有名的诗词："乱石穿空，惊涛拍岸，卷起千堆雪。江山如画，一时多少豪杰。"

　　相信很多创业者一开始都是怀着满腔热情，怀着对于这份事业的热爱，义无反顾地投身其间。即便到了"消亡"的最后一刻，这些品牌的创始人及团队成员，依然会为了活下去奋力一搏。无奈天意弄人，他们还是倒下了，死在追梦的路上。有一份悲壮，一份向死而生的悲壮。

　　对于这些时代的弄潮儿，我们只能送上掌声和敬意。

　　正如最近采访过的一位创业者，她说起过自己的创业动机，那就是《新京报》的一篇文章，题目是《你的努力，就是这个国家的方向》。

个人的努力与无数个努力叠加在一起，汇聚成一份蓬勃向上的动力和洪流。然而在这个过程中，终究有优胜劣汰。不能适应市场需求，只能黯然离场。

其实这些品牌的倒下，除了产品服务和市场竞争的因素之外，还有更重要的原因，那就是盲目跟风，见别人赚到钱就一哄而上。

正如同学小胖，前一阵子还风风火火，这一阵子病恹恹地在家休养。

工作这几年，小胖保持"三不变"：职位不变，收入不变，恋爱状态不变。不过随着年龄的上升，焦虑感对他伸出了"魔爪"。

小胖的表哥给他推荐了一款 App 的股权融资项目，据说有机会在新三板市场挂牌。一旦挂牌成功，收益可能是十倍甚至百倍。他说，他的朋友已经投了上百万，而且他有发财的机会也没忘记带上小胖。

这种一夜暴富的神话，或许对于生活稳定、岁月安好的人来说，只会一笑而过。而小胖却急需钱来改变他目前的生活。于是把房子抵押，拿到 70 万元高利贷款，期限是一年。年息 12%，一年就是 84000 元利息。可这点利息，和动辄翻几番的高收益相比简直是小巫见大巫。

小胖日夜关注这款 App 的发展状况。刚上线时还炙手可热，可过了一个月热度就明显下降。再到后来，公司 CEO 直接人间蒸发。和这位 CEO 一同蒸发的，还有小胖几乎全部的家当。

事后，高利贷催债，房产被债权人收去。父亲气得吐血，小胖也大病一场。

近年来各类 App 应用让人眼花缭乱。然而同质化现象严重，不能切合用户需求。一旦过了体验新鲜期，就会被用户毫不留情地"请出"手机。

盲目跟风的行为背后，是一种浮躁心理。当你期望一夜暴富，完全无视风险的存在，就离进入死亡榜单不远了。

类似的教训在历史上也有，比如 17 世纪荷兰的郁金香泡沫。

16 世纪中期，郁金香从土耳其被引入西欧，不久，人们开始对这种植物产生了狂热。到 17 世纪 30 年代初期，这种偏好导致了一场经典的投机狂热。

人们购买郁金香已经不再是为了其内在的价值或作观赏之用，而是期望其价格能无限上涨并因此获利。

1634 年，炒买郁金香的热潮蔓延为荷兰的全民运动。当时 1000 元一朵的郁金香花根，不到一个月后就升值为 2 万元。

1636 年，一株稀有品种的郁金香竟然达到了与一辆马车或几匹马等值的地步。面对如此暴利，所有的人都冲昏了头脑。他们变卖家产，只是为了购买一株郁金香。

1637 年，郁金香的总涨幅高达 5900%！ 1637 年 2 月，一株名为"永远的奥古斯都"的郁金香售价高达 6700 荷兰盾（荷兰王国的货币名称），这笔钱足以买下阿姆斯特丹运河边的一幢豪宅。

就当人们沉浸在郁金香狂热中时，一场大崩溃已经近在眼前。

突然涌出的抛盘让民众陷入恐慌，导致郁金香市场在 1637 年 2 月 4 日崩盘。虽然荷兰政府发出紧急声明，试图以合同价格的 10% 来了结所有的合同，但这些努力毫无用处。仅仅一个星期后，郁金香的价格已平均下跌了 90%。

郁金香这朵色泽艳丽的花，竟成为被利欲冲昏头脑的人们的坟墓。

其实，不能责怪郁金香，就像凶杀案不能责怪刀，车祸不能责怪汽车。错不在这朵无辜的花，而在于盲目、躁动的人。

人一旦失去理性、失去判断，只被冲动、感性裹挟，很可能让人生滑入万劫不复的深渊。

这种冲动、盲目在心理学上有一个术语——"羊群效应"。"羊群效应"也叫"从众效应"，是指当个体受到群体的影响，会怀疑并改变自己的观点、判断和行为，朝着与群体大多数人一致的方向变化。

很多领域都能印证这种效应，比如股市、楼市。一旦形成某种趋势，就会有人源源不断地杀入其中，随后搏杀定律发生作用。

一旦你是这个击鼓传花游戏中的最后一棒，那么"恭喜"你，成为那个倒霉蛋。

当面临某个所谓的机遇时，首先一定要保持冷静，多想一下被人标榜的高收益是否靠谱，是否有兑现的可能。这种思索不是裹足不前，不是缺乏行动力。盲目跟从只会将你引入歧途。

其次要做好规划分析，充分权衡你将投入的某个项目，会产生何种有利和有害的结果。从正反两方面辩证分析，是思维理性、成熟的人所应该具有的态度。

最后要做好风险控制。你必须设定好止损线。可以在一次冒险中赔钱或损失，但这种损失应该是有限度的。当现实情况要突破这个限度时，你就该及时止损。

"死亡榜单"看似触目惊心，却是一份警示。远离冲动的魔鬼，才会拥抱真正的好运。

不做情绪的奴隶，才是命运真正的主人

前一阵子，听到毕业不到一年的小师妹哭诉："这家公司人际关系复杂，根本不给年轻人成长的空间，我要跳槽。"

跳槽不算大事，劳资双方本来就是双向选择。找好下家，办好离职手续，不就成了？不过在小师妹面前，还是顺着她的意思将老板和主管骂了一通。安抚好这颗受伤的心，再帮她介绍几位猎头朋友。

本以为不开心的一页，会很轻易地翻过去。孰料半年后，那几位猎头朋友在微信中留言：你介绍的是什么人？"十指不沾阳春水"的大小姐脾气，哪个老板吃得消？

原来小师妹稍有不如意，就会冲别人发脾气。平时说话不注意分寸，总是有意无意地顶撞别人，根本不管是否伤到别人的自尊。

把小师妹找来，指出她的不是。她斜睨一眼，说："我最恨人与人之间的虚伪，有什么想法说出来不好吗？为什么要把不高兴、不畅快憋在心里？"

"公司不是家里，老板和同事也不是你的父母，希望你能克制情绪。"就在我慷慨陈词时，小师妹却气呼呼地甩手走了。

难怪听到很多 HR 痛陈入职时间不长的年轻员工身上，都存在类似于小师妹这样的弊病。

这类员工被称作"草莓族"，外表光鲜，却根本碰不得。也许在他们的潜意识中，还将公司当作熟悉的校园，当作事事可以依着自己的家人。只要遇到一点点委屈，就会控制不住情绪，要么胡乱发泄，要么撂挑子走人。

一次次拍案而起、一次次情绪失控，可能会导致你的职业生涯长时间停留在较低的层面。

美国社会心理学家费斯汀格在著作中，提出一个很有名的心理学法则——"费斯汀格法则"，即生活中的 10% 是由发生在你身上的事情组成的，而另外的 90% 则是由你对所发生的事情如何反应所决定的。

换而言之，生活中确实有很多偶然性的成分，但是不必在偶然性面前束手无策。因为你还是命运最大的"股东"，控股比例达到 90%。而内心的情绪，操控着你对各种情景、事件的种种反应。

同样一件事，可能在 A 眼中不算什么，而在 B 眼中却是堪比天要塌下来的大事。同样的境遇，可能有人能坦然接受，有人却像受了天大的冤枉。前者可能会顺利熬过逆境、度过苦厄，后者则在愤怒和埋怨中不可终日。

不能成为情绪的奴隶。当某种情绪，尤其是负面情绪在体内大量聚集时，要学会去调节、管理，不然情绪会影响到你对事物的正常判断和反应。

师兄小白要发怒时，都会在心中告诫自己要冷静下来，不把注意力停留在情绪上，而要关注藏在情绪背后的原因，用简洁的语言在纸上或电脑上记录下来。通过这种即兴记录，就能把自己从情绪中剥离出来。

控制情绪，首先要识别和捕捉情绪背后的原因。

情绪只是一种外在表现，而真正的内在原因却很容易被我们忽视。尤其在盛怒的状态下，理智会降到最低程度。如果搞不清楚源起何方，后面对情绪控制管理也就无从谈起。

控制情绪的本质，就是不要混淆情绪作用下的主观认知与客观事实。

比如你总认为周围人比自己优秀，自己和他们相比显得一文不值，由此产生自卑的情绪。其实从某种程度上，你总有拿得出手的优势项目。你在主观上只看到劣势，忽略自身长处，将自己卑微地埋到土壤中。

再比如，很多人总认为有一个人老是针对自己作梗，把自己做事不顺利、结果不理想统统归罪于这个替罪羊，由此产生愤怒情绪。其实对方并未从中找茬，很多"茬"只是你脑中臆想出来的。

人们往往会犯情绪化的毛病，导致主观认知和客观事实南辕北辙。除了捕捉和识别情绪，情绪的深入分析也尤为重要。

情绪如同海浪，有波峰也有波谷。过了情绪的最高潮，下面就是对情绪做深入的分析，站在局外人的角度查找情绪中的非理性成分。不能一味地指责负面情绪。

每种情绪无所谓好坏，都可以提醒我们对于某件事的态度。你需要思考是哪些行为使你产生这种情绪，写下这个行为对你的感觉或是为你带来的影响。

分析情绪，如同航道中的浮标，可以引导你更好地应对今后类似的情况。

电影《返老还童》有一句很经典的台词："不顺心的时候，你可以像疯狗那样发狂，你可以破口大骂，诅咒命运，但到头来，还是得放手。"

放手不是放任自流，而是一种有控制地疏导，将情绪的温度慢慢降低，降低到可以控制的范围内，学会将情绪这头肆无忌惮的"野兽"关进理性的牢笼中。

当然，对于一种情绪不能只是压抑。很多心理类的疾病，就是因长期以来过分压制某种情绪导致的。被压制的情绪不会凭空消失，而是会在某个时间点通过某个事件的刺激爆发出来。

因此，要找到适合自己的释放途径。比如大汗淋漓的各类运动；比如寄情于山水间的旅行；比如在夜深人静时读书和写作，用文字安放那颗躁动不安的心。

一动一静间，慢慢做到与各种情绪和平相处，不被其牵着鼻子走。只有这种状态才是最为理想的状态。

情绪无时不在，无处不在，不必害怕各种不良情绪的出现，关键要驾驭好和控制好负面情绪可能给自己带来的伤害。

"降服"了情绪，不做情绪的奴隶，你才是命运真正的主人。

人生最大的恐惧，就是恐惧本身

记得大学刚毕业那会儿，还会梦到在考场上，面对各种怪咖级难题忐忑不安。醒来时，手心里、额头上满是汗珠。

学习氛围宽松的大学校园，平时上课形同散养。可到了考试季，知识点如同一大波僵尸袭来。在图书馆、自修教室夜以继日地复习，还是恐惧万分。唯恐"漏网之鱼"在随后的考试中，给自己致命一击。

其实已经复习得很充分，几乎能把上课笔记倒背如流。可依旧会恐惧，尘埃未落定，不知哪位奇葩教授，会使出什么怪招。

考试真的来了，没有想象得那么可怕。交完最后一科的考卷，整个人如同被抽空，愣愣地坐在考场里。

真的考完了？令我极度恐惧的考试，也不过如此。

工作后，这种恐惧模式同样在运转。特别是接到承办大型活动的任务，焦虑得常常整夜睡不着觉。直到完成活动的最后一项议程，才从极度恐惧和担忧中解脱出来。

又会在心里说：这次活动任务，也不过如此。

这种恐惧心理，如同股市的利空消息。当消息开始发酵、扩散时，恐慌情绪蔓延，好似世界末日来临。当消息核实，情况不像预期中那么糟糕，情绪很快迎来触底反弹。

让人最恐惧的并非某件具体的事，而是纠缠你的恐惧心理。很多时候，情境是一样的，但看待情境的态度不同，导致每个人的反应不同。

人为什么会产生恐惧？人类最初的恐惧，大致有两种：一种是黑暗恐惧，一种是死亡恐惧。就像一个孩子，被独自关在一间黑屋子中，很自然会哇哇大哭，希望父母来解救他。而死亡恐惧的最好表达，就是在追悼会上。号啕大哭除了对亲人的追思，还有就是对于未来某个时刻死亡袭来的惊恐。

黑暗和死亡，归根到底都是在人类的主观控制范围之外。这些认知之外的灰色区域，自然被设想成充满着危险和不确定因素。

以上说的是一种本能的恐惧，还有一些是后天产生的恐惧。这种恐惧，比如害怕某种动物、害怕接触到某种物品、害怕听到某种声音等等，都和童年时期某段记忆有关。

时过境迁，当时的情境不会再现。但情境中某种动物、物品、声音、气味等特定要素，却被我们记录下来。当然这种记录不会停留在显意识层面，往往会藏在潜意识中。经过不断地强化，遂成为某个人很难摆脱的"梦魇"。

还有一种恐惧，是你很在意某种东西。正如你在意的某份工作，工作中的每一个细节都让你很谨慎；正如你很喜欢的那个他，他的一举一动都让你牵肠挂肚，生怕自己的某句话或某种行为惹他不开心。

因为怕失去，所以才会这么"恐惧"。这种恐惧，其实是一种爱、一种珍惜。

尽管是一种负面情绪，但恐惧还是有存在的必要性。恐惧能让精神适度紧张、集中。这种适度的紧张有助于提高做事效率。适度恐惧能让你重视可能发生的状况，在意外袭来时不至于手忙脚乱。

曾听到这个故事：下雨天，一位身体健全的人和一位腿脚不方便的人同时外出，途中要走一些山路。晚上回来时，身体健全的人满身污泥，估计在路上摔了跟头；而腿脚不便的人，身上却很干净。

照常理，两人的情况应该对换一下。其实很好解释：身体健全的人，为了节省时间，仗着轻便的身体，无所畏惧地选择崎岖不平的小路。但雨天路滑，难免摔个底朝天。而腿脚不便的人，对状况不好的路心存忌惮，会选择相对平坦的大路，自然安然无恙。

通过这个故事，我们可以发现恐惧有过滤作用，能避免再次经历痛苦。

适度的恐惧是有益的。我们身边往往会有这样的人，总会说出一大堆悲观的理由。然而后面事态的发展，似乎和他的预言很吻合。这种人，被其他人称作"乌鸦嘴"。

"乌鸦嘴"并不是预言帝，只是过度悲观，让他产生一种负面的心理暗示，他的行为会不知不觉地朝着心理暗示行进。

难怪有人说："性格决定命运。"过度恐惧，让体内的正能量锐减，在遇到困难时，只会畏首畏尾。

学会如何驾驭恐惧情绪，是一项很重要的议题。

前不久，我去病房探望一位患病的亲戚。病房里还有一胖一瘦两位病人，都是癌症晚期。其中一人终日惊恐，仿佛死神就在旁边窥探。另一人谈笑风生，不到一岁的小外甥来到病房，因为不适应消毒水的味道，"哇"的一声哭出来。这位老人伸出布满褶皱的手掌，轻轻安抚这个小天使。

一个月后，一人已离世，另一人依旧谈笑风生。去世的那一位，癌细胞扩散程度，还没有健在的这位厉害。他就是被自己吓死的。

美国堪萨斯大学的心理学家杰夫·格林伯格、谢尔顿·所罗门和汤姆·匹茨辛斯基共同提出了一个著名理论，即恐惧管理理论。该理论的核心观点是：人们意识到必死性后，会启动心理防御机制，改变认知和行为来缓解死亡焦虑，以保证在日常生活中不受其困扰。

恐惧管理理论，不光适用于对抗死亡恐惧，还可以应用在其他领域。著名的哲学家斯宾诺莎曾说："没有希望就没有恐惧，没有恐惧也就没有希望。"能看到恐惧背后的希望，就能大大降低恐惧本身的杀伤力，顺利启动心理防御机制。

人生最大的恐惧，就是恐惧本身。不要让恐惧成为压垮你的稻草，要把它变成鞭策自己的动力。

生活是什么模样，取决于你的注意力在哪

曾经和一位朋友走在这座繁华都市的街头。突然，他像发现新大陆一样说："我听见一只蟋蟀在叫，你听到了吗？"

努力搜索周围各种声源，足足有半分钟，也没有听到蟋蟀的叫声。

"我真的听到一只蟋蟀的叫声，我敢百分之百地肯定。"

环顾四周，除了熙熙攘攘的人流、汽车的喇叭声和尖叫声、不远处工地上大型土方车作业的声音，哪有什么蟋蟀在叫？

朋友没有理会质疑，顺着一个方向走，声音越来越清晰。好像是有一只蟋蟀，就藏在某个角落。最终，朋友在枯叶堆中发现了那只蟋蟀。

朋友又拿出几枚硬币，双手一松，这些硬币散落在地上，发出清脆的响声。这次听到了，就连一些行人，视线也往这边偏移过来。

"这究竟是怎么回事？"我疑惑地问。

他头也没抬地说："不是你的听力不行，而是你在注意听什么？"

就在几天前，这位朋友刚被工作5年的公司辞退。陪他出来散步，

就是想缓解他失落的情绪。然而他对蟋蟀声这么敏感，这番精心准备的安慰看来是多余的，他有强大的自愈能力。

果然一个月后，他在新的岗位上如鱼得水。从他失业到再次上岗，完全没有任何失落和沮丧的表现。

因为他关注蟋蟀声，关注大自然的天籁，不过分计较个人得失。如果过分在意硬币落在地上的声音，就会陷在名利的罗网中，很可能在失业或其他重大打击面前一蹶不振。

表姐丹丹，就一直生活在自己的抱怨和怨恨中。

姑母和姑父的婚姻很不幸福，表姐成长在这个"小吵天天有，大吵三六九"的环境，性格自然存在缺陷。大学时有不少男生追求她，她用各种理由拒绝。直到30岁时，她再也忍受不住家人的催促，草草结了婚。

这段"仓促起草"的婚姻，漏洞百出。但可怕的是，表姐根本没有心思去给这段先天不足的婚姻"打补丁"。

表姐的丈夫是个老实人，在一家国企工作，每月收入只有五六千元，还不及表姐的一半。加上不善言辞，时间长了，表姐的各种怨言就如野草般疯长。不会赚钱、没其他男人有本事、窝囊废、不懂得关心老婆、一点情调也没有……姐夫在表姐眼中是一文不值。

姐夫脾气很好，对于表姐的抱怨，一股脑都接受下来。他承担了所有家务，让表姐加班回来就能够吃上热饭热菜；他尝试着在表姐生日时送上礼物，尽管这份礼物表姐很不中意；他努力在业余时间找一份兼职，尽管赚的钱在表姐眼中是那么微不足道。他开始改变，而这些改变，表姐却视而不见。

表姐依旧不留情面地指责他，但是男人终究是要面子的，一场激烈争吵后，这个男人从家里消失了。

表姐的生活彻底乱了套。回家要饿着肚子烧饭烧菜，各种体力活和家务活消耗着她本就不多的能量。生病时，连个端茶倒水的人都没有。这时候，表姐才发现自己丈夫身上，原来有这么多优点。而此前，她却一直盯着丈夫的缺点，还无限放大这些缺点。

婚姻生活的幸福，取决于你的注意力是落在对方的缺点上还是优点上。如果一直盯着缺点，就会像表姐那样，成天觉得自己是天底下最倒霉的那个女人。

其实天底下比你倒霉的女人多得是，她们尚且能活得好好的，为什么你要活在自己营造的炼狱中？

曾经采访过一位女性健身教练，她的马甲线和魔鬼身材，完全让人想不到她已经是一个4岁孩子的妈妈。

做健身教练是2年前的事。就在两年前，前夫和她离婚。都说离婚伤筋动骨，特别是女人，更是离婚中的受害方。但这位女士没有沉沦和堕落，而是走进了健身房。

她以前就是学体育的，为了相夫教子，辞去中学体育老师的工作，专心在家生孩子、带孩子。近三年没工作，导致她和社会有些脱节。其他工作都不适合她，于是她把视线落在健身教练上。

她有很好的身体基础，训练了一阵子便恢复到了比较好的状态，并考到国际健身教练资格证书。

要上课，要考试，还要带孩子，那段日子很辛苦。可是，她终究熬了过来。目前是这家健身房的金牌教练，每月收入近 3 万元。就在去年，她买了车子，买了一套三室一厅的房子，生活渐渐稳定下来。

我问她恨前夫吗？在你最需要关心的时候，在孩子最需要父亲的时候，狠心抛弃了妻女。她摇摇头说："不恨，恨他只会让心里添堵，根本于事无补。"

她的注意力都放在如何改善生活，为孩子创造更好的环境上。一味地怨恨，只会用对方的错误来惩罚自己。纠结于让自己不爽的过去，只会让今后的日子更加不爽。

路上奔波忙碌的你，想到家里还有一个他，为你精心准备一顿可口的饭菜，为你亮起一盏灯，静静守候你的归来。还有孩子，尽管调皮，却能在你生病时给你端上一杯热水，说上一句"长大以后我赚钱，让你过上好日子"，估计能让你感动好一阵子。

事业处于低谷期的你，想到更多人挣扎在温饱线上，想到战争年代还有性命之忧，想到相比人生的大格局，眼前这点困难根本不算什么。

对丈夫或妻子抱怨连连的你，多想想他身上的优点。他总是有优点的。为什么结婚以后，他成为你抱怨的对象？就是因为你对他默默的付出和小温暖视而不见。很多婚姻危机，就是从这种冷漠和漠视中发端的。

多看看好的一面，少想想坏的另一面。你的生活是什么模样，很大程度上取决于你关注什么。记住，你就是自己这出人生剧的编导，不要主动放弃书写剧本的权利。

一个人有没有修养，就看这四点

有一次去澳大利亚做访问学者，杰克全程陪同和接待。国外的道路不像国内那样拥挤。一些偏僻小路上车辆很少，好几分钟才遇到一辆车。

我好几次怂恿他："快迟到了，别管这个红灯，赶路要紧。"因为很多路口没有交警，也没有探头。他没有听我的，坚持等到交通信号灯转换才启动油门。

"不闯红灯，并非只是为了交通法规，更是为了我和其他人的安全。"原来，他早已将规则内化为自己的原则。这种自律，不会因为有无警察、有无探头而发生改变。

杰克的服务事无巨细，体贴到让人都觉得不好意思。

"没事，这些我能处理好。"

"不行，这是我的工作职责。"杰克说这话时很坚决。

"不和你上司说，不就得了？"

"这不是您和上司说什么的问题。为您做好服务，这是我的工作职责，因为我是领薪水的，我要对得起这份收入。"这句话，顿时让人肃然起敬。

自律，就是当外部约束不那么明显、没有人现场监督时，依旧遵守某种准则。一个有教养的人，肯定是一个懂得自律的人，知道什么行为是恰当的什么行为是不恰当的。他不会因为莽撞、无知，给其他人造成莫名的伤害。

两个月前，联系到一位做珠宝的创业者。创业一年多，她已收获 A 轮、B 轮近亿元的融资。约好下午两点在一家咖啡馆见面。等了半个多小时，她才姗姗来迟。她颇为愧疚地说："不好意思，刚才客户临时造访，陪了半个小时，我会好好弥补你的。"

成功者，别人都愿意去原谅的。但她愿意俯下身子，跟一个普通的撰稿人说一声对不起，真是有点受宠若惊。

估计是心存一丝歉疚，她在后面的采访中讲得格外详细。采访结束，还邀请我共进午餐。吃饭时特地关照助手，提供一份最新的文字资料。

一桌丰盛菜肴，几千字的资料介绍，这是她对迟到半个小时的补偿。在她心中，因为她损失了半小时时间，就必须做出补偿。

尽管身份、地位悬殊，但每个人的人格都是值得尊重的。在一个有教养的人心中，不论是名人还是小人物，都同等重要，一样需要去尊重。

一位母亲，刚经历丧子之痛。而现在，她得到这个向仇人复仇的机会。

她的儿子，是被这个小伙子一刀捅死的。在这个国家，可以由被害人亲属来执行死刑。她手中拿着一把尖刀，而那位死刑犯，头被黑布裹着，四肢被捆绑。

母亲提着尖刀，慢慢靠近这个人，双手在不停颤抖，刀差点从手中滑落。她把刀高高举起，举过小伙子的头顶。"啪"的一声。尖刀，未刺穿凶手的身体，而是砍断了捆绑他的绳索。那个小伙子，再也忍不住，扑通一声跪了下来。

"我不想看到另一位母亲，也经历一次丧子之痛。"这位母亲哭着把刀扔到地上。

类似的经历，同样发生在下面的故事中。

经过一昼夜鏖战，这支部队几乎全军覆没，将军身边只剩下一位老兵。走着，走着，他们进入一片沙漠。白天烈日炎炎，酷热难耐；夜晚气温骤降，寒冷得令人瑟缩。

一路上，老兵要求将军搀扶自己，摆出倚老卖老的模样。面对老兵的刁难，将军没有吭声。唯一的信念是让老兵活着走出沙漠，回家与亲人团聚。

一天天过去，似乎永远也走不出沙漠。老兵的要求越来越多，越来越过分，将军从无怨言，俨然是老兵身边的仆从。

直到有一天，老兵奄奄一息地对将军说："你走吧，别管我了。我不行了，你还是自己去逃生吧。"

"不！我不会丢下你，我要背你出去。"

老兵脸上掠过一丝苦笑："我的两个儿子，就是在这场战争中牺牲的。我打心眼里恨你，一直在刁难你、拖累你。万万没想到，你却包容我的蛮横无理。"

老兵从身上解下一个布包："拿去吧，里面有水，也有吃的，你朝东再走一天，就可以走出沙漠……"将军流下泪水，将老兵的尸体小心安葬，随后便走出沙漠。

宽容是甘甜柔软的春雨，可以滋润内心的焦渴；宽容是人性中最美丽的花朵，可以慰藉人内心的不平。用广阔的胸怀去宽容一切，拥抱一切，宽容别人，其实是在宽容自己。

一个有修养的人，一定是能最大限度地包容别人，但不一定是在物质世界最富裕最有名望的人。

曾经在英国地铁上，看到一个衣衫褴褛的中年男子。他手中捧着一本书，还是相对艰涩难懂的莎士比亚的著作，让我的注意力始终没离开他。

还认识一位农民工兄弟，住的是极其简陋的宿舍，却坚持读书、写作。工友们笑话他："你不是大学生，写那些没用的玩意儿干吗？"他笑笑，继续伏案奋笔疾书。各类报刊，经常能见到他的作品。

这些作品不能给他带来丰盈的生活。但他乐此不疲："写作不是为了致富，看到文字变成铅字，这种满足感和成就感是难以用语言来形容的。"

即便是社会底层，这位衣衫褴褛的男子和农民工兄弟，同样是有教养的人。

一个有教养的人有他自己的精神世界。在这个世界中，他就是王，一个脚下匍匐万千臣民的帝王。有了这个精神世界，他对现实世界一定是满足的，会怀着一颗感恩之心。

一个有教养的人，一定是自律的人，是懂得尊重别人的人，是怀有一份宽容心的人，是有自己精神世界的人。和这样的人在一起，很舒服。

因为他们不会以自我为中心，善于推己及人，把最明媚的阳光留给你。

愿你也做一个这样有教养的人。

诱惑面前见本性

近日，同学婷婷离婚了，这让所有认识她的人大吃一惊。她和前夫是青梅竹马，幼儿园时便两小无猜。二十多年的感情，在大学毕业 5 年后有了结果。大家都认为，这对金童玉女只剩下白头偕老的份儿了。

由于工作优异，公司安排她丈夫去国外进修。但是，是否让丈夫去国外发展？婷婷有过犹豫。这个花花世界有太多诱惑，他能把持得住吗？这种家务事，任何人都不敢妄言。说得好不要紧，要是说得不好，以后可吃罪不起。

结果，她丈夫"现代柳下惠"的称号"见光死"。才一年，丈夫的微信朋友圈里就晒出一个年轻女孩的照片。起初还有过解释，后来到懒得去解释的程度。反正就这样，你愿意过就过，不愿意过拉倒。

婷婷是个有感情洁癖的人，这种情况，只有离婚一条路。

从民政局出来时，婷婷哭了，哭着望着那个熟悉又陌生的背影越走越远。一段 20 多年的感情，哪能这么容易说放下就放下？

"好色"似乎是男人的本性。以前他在一个小圈子内，还没有机会去出轨。但是感情这东西，永远不要轻易去说"永远""一生"。只有蹚过种种诱惑，才能检验感情是否牢靠。

重要的是在诱惑面前，能看清他对待感情的本性。是真心爱你，还是另有所图？

这些本性，远不是花前月下、卿卿我我所能检验出来的。只有诱惑，才能当得起这块试金石。

《中国诗词大会》这档全民参与的诗词节目，一度引发浓烈的诗词热潮。一位来自上海复旦附中的 16 岁女高中生，被很多人誉为"当代李清照"，满足了人们对于"美女＋才女"的全部幻想。

没错，她就是武亦姝，身材高挑，容貌秀丽。在飞花令环节，她谈笑风生、对答如流，可见腹中诗词储备数量惊人。

《中国诗词大会》还没落幕，估计武亦姝就会收到无数媒体的采访请求。我业余时间，也试着去采访各色各样的人，对于这样炙手可热的人物当然不愿意放过。

但这次采访却吃了闭门羹。一开始有些懊恼：是不是对方嫌自己是个小人物？觉得手中的这支笔，无法为她带来名誉？

是我错了！武亦姝和她的父母不是这种沽名钓誉的人。即使是一些主流媒体的采访邀约，他们也是一概拒绝。这年头，想出名，想被炒作不算稀奇。有机会出名，被炒作，却主动放弃，难免会让人有些看不懂。不过，这可能就是武亦姝和她父母的过人之处。

出名、炒作，能带来短期内的巨额收益。把时间周期拉长收益就会呈现边际递减效应。

媒体不乏热点，今天还是众人关注的焦点，过几天可能就是明日黄花，被抛弃的热点。享受着被"前浪拍死在沙滩上"的"崇高待遇"。此外，做名人并不是普通人想象得这么光鲜。不仅需要不停制造热点或爆点，还要承受巨大的心理压力。

诱惑，会给你很难拒绝的东西，比如名利、地位等，你却不能迷茫，应该知道心里想要什么。那个一直潜藏在内心深处的声音，不应该在名利场的喧嚣中失声。

武亦姝和她的父母，希望过一种平淡幸福的生活。这种想法和本性，值得尊重。

曾经被这则报道中的中年父母感动。

他们曾经幸福，精神上的幸福。他们恩爱，即使在结婚后，依旧手牵着手上街。周末，看一场电影，静坐在公园里的长凳上，和恋爱时没有什么差别。有了孩子，尽管很累，但那清澈见底的单纯笑容，让幸福感洋溢在心底。

幸福，却在孩子6岁时碎成了玻璃碴。白血病，让夫妻俩带着孩子四处治病。

与此相伴的，还有颠沛流离，倾家荡产。夫妻俩支撑不住，只好向社会求助。好在媒体宣传后，善款从全国各地源源不断地聚到这个救命账户。

可是，孩子终究还是走了。幸福的硬盘，被彻底格式化。

悲痛过后，这对夫妻决定：把所有没花完的善款，还给那些好心人。

为此，他们踏上了寻找好心人的征途。直到最后一笔钱，交到一位大连的公司白领手上，这桩心事才彻底放下。

和那些绞尽脑汁骗取善款的人相比，这对夫妻的灵魂无疑是让人敬仰的。30多万元，他们可以据为己有。孩子走了，他们的精神支柱塌了。他们需要安慰，也需要钱。为了给孩子治病，他们不得不辞去工作。这笔钱，至少可以在一段时间内保证他们的生活，让这个家庭在丧子的悲恸中平稳过渡。

诱惑，让贪财者与淡泊钱财的人有了明显的分野。

很多人口口声声说："我爱你，会爱你一生一世。"一旦有比你更好、更合心意的人出现，他便会立刻抽身离开，不带走一丝云彩。

很多人会信誓旦旦地表示："我视名利为粪土，名利，不过玩玩而已。"当出名的机会出现，他比谁争得都起劲，恨不得踩着别人往上爬。

戳穿这一切谎言的，就是诱惑。

是诱惑，让每个人原形毕露。究竟是不是真爱，究竟是不是淡泊名利，究竟是不是贪财，只有当这些"标的物"出现在眼前，才能淬炼出内心深处的态度和立场。

诱惑面前见本性。请在诱惑出现时，凭一双慧眼，观世间人生百态。

第六章

学会与这个世界独处

别人不把你当回事，你呢？

生命中很久没有遭遇停电。电脑屏幕突然变暗，还以为主机出现故障。就在脑子里盘算着各种可能的时候，楼道里那个最淘气的孩子喊道："停电啦！停电啦！"紧接着是隔壁女主人的抱怨："真见鬼！怎么这个时候停电，我家孩子再过一个月高考，耽误他复习算谁的？"

赶紧去找蜡烛！由于许久没遇到类似情况，还真不知道这玩意儿藏在哪里？手在黑暗中摸索，终于在墙角摸到了快要黏在一块的蜡烛！赶紧点亮，虽然亮度比不上电灯，但毕竟比一片漆黑好！

看着不时晃动的烛心，心中若有所思。没停电前，根本不把它当回事！可是在这个时候，它终于迎来了属于自己的高光时刻！

小黄有着跟蜡烛类似的经历。毕业后进入这家在业内颇有名气的集团公司，干最不起眼的行政助理的工作。起初，她想进入销售部门或市场部门，这两个能为企业带来直接利润的部门。不像行政部门，只能充当"后勤保障部队"，取得的成绩也不容易引起领导重视。抱怨归抱怨，但工作还得干，她还缺乏裸辞的那份任性和底气。

后面收获的"待遇"，果然如其所料。其他职能部门，把行政部门当作小丫鬟，有什么"疑难杂症"都会找上门来。作为新手，小黄成为他们盘剥的"对象"。他们加班顾不上吃饭，多次让她帮着订盒饭、叫外卖。即使干完这些杂活，他们对小黄也不怎么待见。

曾在无意间听到有人在议论小黄："行政部门是勤杂工的聚集地吗？你看那个新来的小黄，居然把这些活干得有滋有味，真替她感到惋惜。"另一个人问："惋惜什么？""这大学不是白读了吗？这些事，叫个初中生都能干，或许还能干得更好。"他们哈哈大笑。

这算什么事嘛！好心帮他们，却被人看不起，或许世界上没人比小黄更悲惨了。

小黄不想看不起别人，但也不愿意被人看不起，绝不能只会干这些杂务！

从那以后，小黄就没有了双休日。她买了大量专业书籍，研究最新的销售、市场理论。当然也不能光说不练，好说歹说，游说在一家私企做销售总监的表哥带上自己跑客户。她就在旁边看着、学着，琢磨表哥怎么跟客户谈判。

一年过去了，小黄觉得自己的能力有了提升，果断选择跳槽。哪怕工资水平下降三分之一，也必须转到销售部门。

由于有一年的理论学习和实践经验，小黄很快在销售工作中上手。不仅在试用期内拿到几个大单，还拓展了一些新的客户群体。

这些成就没有靠她表哥和其他人，全凭小黄一个个电话、一次次登门拜访磨出来的。

三年后的行业年会，小黄遇到那两个嘲笑过她的同事。他们不再对她投以鄙夷的眼神，而是真诚地伸出双手，对她刚才的发言内容表示致敬。

其实，他们不拿小黄当回事，并不是和她有什么过节。只是那时的她，实在是"战斗力"弱得惊人，他们有足够的底气调侃她、揶揄她。当她变强大了，他们的态度很自然地就转变了。

和小黄关系不错的新锐导演小伍，处境似乎更惨。

"你们来这里干吗？"前台小姐的蛮横，让小伍一下子找不到方向。"姐姐，我们是个乐队，想出一张唱片。"他从双肩包里，掏出一本黑色封面的记录本。

前台小姐没好气地说："写的都是什么呀！就你这创作，垃圾，满大街都是！"原来在别人眼里，自己只是垃圾，伍俊杰和小伙伴带着无尽的惆怅，走了。

这些年来，他一直生活在笑话和蔑视中。13岁那年，他辍学去一家烹饪学校学习，毕业后到一家宾馆当厨师。就在别人认为他会一辈子和锅碗瓢盆打交道时，他却背着父亲买了吉他，追逐着心中的音乐梦。为了这个音乐梦，他和家人彻底闹僵。每当他背着吉他在路上走，身后总被邻居指指点点——"就是那傻子！"

随后，他结识了几位同样热爱音乐的"发烧友"，组建了一支乐队。他和乐队受邀去母校开演唱会。就在演出前一刻，主唱突然人间蒸发。而就在前一天，主唱还信誓旦旦地说："俊杰，明天演出我们几个一定尽力，让你在母校师生面前露脸。"他盘算补救措施时，发现摆放在台上的音响设备也不翼而飞……

那天晚上，他浑浑噩噩，不知道是如何度过的。

主唱出走后，其他几位成员也相继告别，伍俊杰只好寻找新的合作伙伴。他和几位朋友来到东莞，去一家木工厂打工。辛辛苦苦干上一整天，却只能赚到几十块钱。四个多月后，他和伙伴们积攒了一千多块钱，一脸虔诚地跨进唱片公司。

前台小姐的羞辱，在他还未愈合的伤口上撒了一把盐。没有抱怨世态炎凉，他找来很多专业音乐书籍，系统学习作词作曲，同时拼命练琴。

有一位比他大 10 多岁的资深音乐人，对他的执着很欣赏，推荐他去签约一家新成立的唱片公司。由于这家公司发行能力不强，导致第一张唱片销量不好，生活都成了问题。

有一次发高烧，他连看病的钱都没有，只好在出租屋内硬撑，靠疯狂喝水降低体温。随后，他又来到北京，成为"北漂族"。经过两年打拼，终于，他成为北京某知名唱片公司的签约音乐人。他在业界有了名气，还凭借兼职当明星经纪人的身份，积累了不少人脉。

这时候，别人已经把他当回事了。可是想到还有很多人像他这样，寄人篱下，因为梦想暂时无法实现身处困境、被人笑话，他决定伸出援手。于是他回到家乡，卖掉自己的车，拿出所有积蓄，还借了十几万元，创立了一家文化传媒有限公司。

霉运就像是一只甩不掉的虱子，一次次挑战自信心的底线。就在创业后没多久，合伙人因为意见不合撤资，甚至还拿走了所有设备。一夜之间，他又成为欠债几十万元的"负翁"。不和谐的声音再次传来："那个傻蛋又在瞎折腾。这下好了，彻底把自己折腾死了。"

好几次路过那条小河，他都冒出跳下去的念头。但想到父亲，想到那个还未成功的梦想，他及时止住死的念头，心里想着：你们看不起我是吧，那我就要做出点东西让你们瞧瞧。

他再次借款，起早贪黑地守在公司里。为了让别人知道这不是一家皮包公司，不只有他一个光杆司令。他一人"分饰几角"，扮演前台、秘书、部门经理，最后才是他的老板身份。他很有"表演天分"，也很有诚意，很快挽回了一些客户资源。借的几十万债务，也在两年内还清。

随后，他又"冒失"地闯入影视领域，一切都源于有位朋友拿着剧本找他。剧本讲述了一位青年从农村出来，到城里打拼的经历，让他产生了深深的共鸣。

回家乡创业的初衷，就是想搭建平台。他几乎没怎么考虑，就把一笔业务赚来的几万块都投了进去。他请了导演、摄影师，租用大型设备，结果却不尽人意。首次"触电"经历，让他开始从音乐切换到影视。

一年后，有位客户介绍他认识一位上市公司的 CEO，他们要拍摄一个广告片。随着广告片的精彩亮相，那位 CEO 有了将其招入麾下的念头，抛来一份年薪 40 万元的合同，邀请他去做公司的策划总监。还有一些电视台邀他做导演、栏目制片人，他都统统拒绝了。这部宣传片是团队努力的结果，绝非他一人之功。离开他们，自己什么也不是！

拒绝了高薪诱惑，他开始寻找赞助商。终于，一家电力公司愿意出钱拍摄一部微电影。为了深入了解企业职工的工作性质，拍摄前，他深入一线，穿着沉重的绝缘衣，与电工们一起翻山越岭维修线路。炎炎酷暑，汗流浃背；夜间维护，披星戴月……

这部身临其境拍摄的微电影的开播当日，让很多供电人在荧幕前流下感动的泪水。因为每个镜头的画面，记录的都是真实的生活。网站开播后，两天点击率100多万。正是这份真实感，让这部作品荣获全国中电传媒杯微电影大赛一等奖，荣获国资委系统微电影大赛最佳剧情奖。

第二年，伍俊杰再次为供电局拍摄宣传大片。有一场戏要在高楼的阳台上拍摄，为了剧情发展，拍摄需要镜头从外往内拍，他只好坐到阳台护栏上拍。当时没有任何安保工具，他和搭档在几个人拽住的情况下完成拍摄。

那是一幢28层的高楼，一旦从上面摔下来，后果可想而知。这部微电影再次荣获全国中电传媒杯微电影大赛一等奖，同时获得中国"安迪杯"微电影大赛银奖、凯里首届手机微电影节最佳演员奖。

没有做出成绩前，别人很可能不把你当回事，冷嘲热讽、嗤之以鼻、不屑一顾，这些态度都很正常。问题在于你的反应：是自暴自弃、怨声载道，还是以此为动力，绝地反击？

要知道，别人不把你当回事，再正常不过。可是，你自己不能随波逐流。连你都这么认为，那就和缴械投降没什么两样了。

很多人，20 多岁就"老了"

前些天，表弟一脸虔诚地对我说："哥，能不能把你考公务员的资料给我？我准备参加今年的国考。"

我一惊，嘴里像被突然塞进一些未知食物，久久说不出话。表弟学的是土木工程专业，他们学校的王牌专业，在全国排名也是数一数二。照理说，他应该去建筑设计院，或者从事其他与土木相关的职业。可他却放着好好的职业前景于不顾，毅然投身数以百万计的国考大军。

末了，我才憋出一句话："表弟呀，你的专业是个香饽饽，为什么要舍弃专业优势，蹚国考这条大河？荒废专业不可惜吗？"要不是我学中文专业——这个号称就业困难的"万金油"专业，我肯定会去更有挑战力的地方，比如外企，甚至自己创业。

表弟摊开双手，眼神黯然地说："我也想专业对口，也想去设计院工作。这两个月，参加过不少在我们学校举办的校园宣讲会。就在半个月前，也拿到了一家设计院的录用通知书。然而国考通知一出来，我妈就给我下了最后通牒，让我舍弃设计师岗位，去考公务员。"

"你妈是不是说，公务员工作稳定，收入也不差，没有失业风险？"

表弟一拍巴掌："对呀，表哥你太了解我妈了。她就是看重公务员这点优势，还说其他工作辛苦，随时可能被老板炒鱿鱼。男孩子以后要养家糊口，要有一份稳定收入，要不然老婆也找不到。没老婆，家里的香火就断了。"

彻底服了姨妈，思想竟如此传统。也服了表弟，20多岁的年纪竟没有自己的主见。

我开始翻箱倒柜，努力搜寻早已被我扔在角落里的复习资料。这些资料，好几年没"搭理"，封面早就蒙上一层厚厚的灰尘。

笔试结果出来，表弟以第一名的成绩晋级面试。面试他发挥得也不错，总成绩也是第一。体检过程中，他的谷丙转氨酶指标有些偏高，要求复查。表弟吓出一身冷汗，好些天待在家里静养。最终，复查结果没让他失望。

至此，世上可能少了一位才华横溢的设计师，多了一位整日在办公室处理琐碎事务的行政人员。他会像我一样，在科员、副主任科员、主任科员的层级上不停行走。运气好点，会在退休前提拔到副调研员。

表弟的选择绝非个案，报名参加国家公务员考试，每年都维持在130万–140万人。其实公务员热只是一个缩影，还有更多应届毕业生将国企等金饭碗作为求职第一选择。这种求职取向，实际上是对未来不确定性的恐惧心理。

年轻时就应该多经历一点事，多吃一点苦，多尝试一点可能性。如果20多岁的年纪就患得患失，那和中老年人还有什么差别。他们已经没有了折腾的资本，而你还有大把"可以挥霍""可以犯错"的时光。有这么一个先天优势，为什么就蔫了？

很欣慰地看到一些人，在大学毕业和工作之间留出一个"间隔年"。这一年或更长的时间，他们背起行囊，张开臂膀迎接"诗和远方"。或去贫困地区从事义工，用爱心温暖一颗颗饱受穷苦伤害的心灵。

并不要求每个人都这样，关键在于你的内心究竟需要什么。请罗列一张清单，把你最需要最急迫做的事写出来。趁着自己是还能折腾的年龄，一桩桩去实现。

不过，我希望这张清单没有归零的一天。因为少了这张理想清单，或许我们的青春就真的逝去了。

不要在20多岁的年龄，就拥有一颗四五十岁乃至更老的内心。想想自己要做的事，想尽办法去实现，也不枉这趟青春的"单程列车"。

你为什么总想刷朋友圈

这是一个"秀"的时代，吃过的美食、看到的美女、游过的美景、品过的美文，都能成为"秀"的对象。尤其在微信朋友圈，这种"秀"更是"明目张胆"。朋友圈确实是个很好的平台，不仅满足了人们窥探其他人生活的需求，也充分抚慰了成为别人关注焦点的虚荣心，真可谓是一举两得。

雯雯就"深受其害"。她是个性格内敛的姑娘，和陌生人相遇时，脸庞都会情不自禁地红成一个"苹果"。可是在虚拟世界中，她简直判若两人。单就她的 4 个微信，里面就有好友 18000 多人，令人啧啧称奇。好家伙！这么多好友，每天只说几句话，就够她"喝一壶"的了。身处这张巨大社交网的中心点，她忙得过来吗？

我也算是彻底低估了雯雯的能力，她可以和数十人"车轮战"，末了还不忘在朋友圈晒出美图。外出吃饭，热菜刚上桌，她就迫不及待地拿出手机，"咔嚓咔嚓"好一阵子，害得我享用美食的时间大大推迟。

正要发两句牢骚，她一脸得意地对我说："看看，下面有多少人点赞，我的摄影技术不赖吧。"

就在她大快朵颐时忍不住问她："你每天晚上刷朋友圈都到多晚？有时看你半夜两点还会更新，第二天一早就要上班，不累吗？"她正啃着鸡腿，吃相难看地说："哪会累呢？别人的点赞和评论，就是我的动力。"一边说，一边用纤纤玉指点击手机屏幕。"这里的香酥鸡好好吃哦。"结尾处还用了三个亲嘴的表情。

然而最近一阵子，雯雯更新朋友圈的频率明显下降，从一天十几更，下降到每天一两条。内容也从美食、娱乐、美图，龟缩到一些对于人生、爱情的感悟文字。突然玩起深沉。这丫头片子怎么了？好不容易在十一假期把她揪到身边，"严刑拷问"下，她才从实招来。

原来她恋爱了，对方是一个比她大两岁的男孩子，在一家外贸企业做销售经理。他们是在一次洽谈会上认识的，第一眼见他，雯雯就毫无抵抗地成为他的猎物。至于谁追的谁，雯雯死活说是帅哥追的她。

"既然恋爱了，为什么不在朋友圈秀一下呢？"我忍不住八卦起来。

"哪有时间啊！我和他在一起的时候，眼睛里只有他，哪还有手机的影子。"看来身陷恋爱的女生，智商几乎会降到零，这个说法一点也不假。

其实，爆刷朋友圈的人，大多数是闲得发慌、无人倾诉的人。他们渴望身边有耐心倾听的听众，然而现代社会工作节奏很快，人们根本没心思听一个人长时间叽叽歪歪。有些话，长时间憋在心里会憋出问题。微信朋友圈，恰恰就提供了一个宣泄口。看着消息后面的点赞和评论，空虚、寂寞和迷茫都烟消云散。

　　身边有了一个知冷知热的人，微信朋友圈就可以暂时功成身退。他知道你心里想什么、需要什么，在你高兴的时候陪你一起笑，在你忧伤的时候拍拍你的肩膀，递上一张纸巾说："多大点事呢？还有我呀。"如果在这个知己和朋友圈之间做个抉择，你肯定会毫不犹豫地站在前者。

　　雯雯终于在朋友圈晒出她和男友第一张恩爱的照片。衷心祝福她！终于不必在朋友圈里刷存在感了。但愿大家也能早日摆脱朋友圈依赖症，在现实世界中遇到对的他。

找到盛放孤独的容器

对很多人来说，手头工作总是不称心。老板的责难、客户的刁难，复杂的办公室人际关系，让万千上班族身心俱疲。是选择隐忍，还是果断离开？80后女生胡晏荧，果断选择后面这条道路。

在父母眼中，胡晏荧是个乖乖女。读书时学习刻苦、考试成绩优异，直至考入中国人民大学中文系，从来没让父母操过心。她成为很多同龄人仰望的学霸，被当作榜样教诲那些不听话的孩子。但人生轨迹，在她工作后彻底改变。

经历千军万马挤独木桥，胡晏荧收到外资银行的录用信，起薪超过两万元，还有好得令人羡慕的福利待遇。但这个"金饭碗"，却在一年多后被"砸碎"了。辞职时，她还支付了高昂的违约金。即使这样，她没有任何后悔，去了英国学习纪实摄影。

回国后，她当过摄影师、杂志编辑，还曾在演艺公司、出版社留下过足迹。只是这些岗位仍是过眼云烟，拴不住那颗躁动不安的心。

就在一年内，她5次更换工作单位，父母彻底犯迷糊了。怎么女儿是个如此"离经叛道"的人？或许是读书时太过压抑，没有选择的权利，到了有机会做选择时，她要彻底任性一把。

冬季的一天深夜，北京的室外滴水成冰。这天下午，胡晏荧又一次递交辞职报告。

寂静的夜不能慰藉空虚孤独的内心。她决定出去走走，披了一件很薄的外套，踩着父母均匀的鼾声，轻轻地带上房门。刚出小区，情绪就彻底失控，一路走一路哭。路上几乎没有什么行人，她就这样肆意地宣泄着。

整整4多小时，她就这样漫无目的地走着。寒风中她瑟瑟发抖，泪水、鼻涕交杂在一起，让她显得滑稽又荒诞。不知不觉中，熟悉的家出现在眼前。

回家后，胡晏荧在网上订了一张飞往景德镇的机票。她也不知道自己为什么要去这个以陶瓷闻名的地方。

走在乡村小路上，漆黑一片，只能看到远方星星点点的灯光。四周静得出奇，都能听到自己的心跳声。她感动得落下眼泪，这正是自己要找寻的地方。

孤独感不会凭空消失，必须找到一样容器来盛放。胡晏荧想起大学时接触到的球形关节人偶，特别是 Marina Bychkova（俄高加拿大人偶艺术家）的 Enchanted Doll（人偶的名称）。要是能做出这个形象逼真的玩意儿，该是件多么美好的事！

胡晏荧拿着 Enchanted Doll 的照片，找到当地雕塑瓷厂的工匠。这些老师傅看着这张古怪的图片，头摇得像拨浪鼓。用陶瓷做这个东西太费时间，有那个工夫，可以做很多其他工艺品。

就在快要绝望时，有位修坯的师傅找到她，问她愿不愿意学习拉坯修坯。她想也没想就答应了，做这个陶瓷娃娃，需要有这方面的基础。

拉坯的过程极其繁重、枯燥，这是她以前从未经历过的苦。揉泥、找重心，泥巴似乎在捉弄这个女孩。晚上回到住处，浑身像散了架一般。

忽然鼻子里有一股热流，紧接着一滴滴红色液体滴落下来。她从没流过鼻血，忽然觉得自己很可怜。但平复完忧伤的情绪，她就开始到思索工艺中存在的问题。

研究结构和最后烧成的环节，是最考验胡晏荧耐心的时候。球形关节如何连接，让她一次次抓狂。另外，陶瓷在烧成环节很容易变形。一旦球形关节的连接处变形，就无法组装起来。很多废品，就是这两方面问题导致的。

一次次的失败，不断挑战着胡晏荧容忍的底线。终于，她忍无可忍，产生了一种极强的破坏欲。拿起小锤子，一些半成品就成为她手下的"牺牲品"。砸到最后一个半成品，她突然停下手来。这个陶瓷娃娃歪斜着头，笑盈盈地看着她。这副天真无邪的面孔，让她的心软下来。这个小玩意儿，凝结着她数不清的心血。即使不完美，也蕴含着她灵魂的外延。她小心翼翼地把这个半成品捧在手中，似乎是一件价值连城的艺术品。

一年多后那个月明星稀的夜晚，成功在不经意间降临。看着第一个成品，胡晏荧有了一种如释重负的感觉。

手中的原材料会在心浮气躁时突然一击，提醒她时刻保持着谦恭之心。她开始敬畏手中的泥巴，愿意花时间去熟悉它，了解它，尊重它。只有与之平等对话，它才会和自己亲近，帮助自己达成愿望。

与此同时，她的心态越来越平和，不会再为一点点小事纠结，不再掉头发，而且每晚的睡眠质量也出奇的高。每天早上迎着晨曦，会准时醒来。"日出而作，日落而息"的作息规律，让她找回了那个真实的自我。

就在一切好转时，厄运再次降临到胡晏荧的头上。那天下午，她在陶瓷工厂吃了一点东西，回家后就上吐下泻。去最近的医院，至少需要几个小时，她只能硬撑到天亮再说。整整哀号一夜，她几乎有过死的念头。

不过桌上的这些人偶，迅速驱赶了她这种负面情绪。她决定和痛苦做伴，不从本能上抗拒。奇怪的是，疼痛感竟然减轻不少。

经历这次食物中毒事件，胡晏荧的人生迈上一个新台阶。她的人偶被更多人熟知和关注，有人甚至主动找上门来，希望她一年能交50个娃娃。她拒绝了这些邀约，决心继续用蜗牛式的精耕细作。不愿意为了多赚钱，降低对艺术的追求。

因此，即使一天工作10个小时，她一年也只能做20个娃娃。每个陶瓷娃娃皮肤光滑宛如天然玉石，形貌狡黠逼真又似乎有几分忧郁，举手投足间还有着刻进骨血的妩媚。每件作品都是独一无二的，而不是流水线上的产品。

　　胡晏荧淡然地说："我待陶瓷人偶如初恋，它让我走出阴郁。每个人都有过孤独和彷徨，需要找寻一个容器来盛放。很幸运，我找到了这个容器。"

　　遭遇孤独和苦闷的侵袭，单纯躲避是无效的。不如像胡晏荧那样，主动出击，那个和你有缘的人或事，终将会在路边静静等候你的到来。

不要刻意把太多人，请进你的生命里

现代社会中，人脉关系极其重要。人们常说：有熟人好办事，多个朋友多条路。于是很多人奔走在呼朋唤友的路上。

把时间都花在交友上，就可以高枕无忧吗？

小赵是交际场上的"老司机"。每次约他出来，他都很抱歉地说："对不起，今天早有安排。"

好不容易和小赵坐在咖啡馆，听着舒缓悠扬的音乐。他腰间的手机，总会不合时宜地响起。

"王总，好久没和您联系，最近还好吗？"

"李处，不好意思，这阵子太忙了，早该去拜访您。"

他和一群朋友打得火热，我像一根电线杆杵着，尴尬得很。过了大半个小时，他才注意到一脸懵的我："朋友多，别介意哈。以后有什么困难，尽管找哥。"

两年后，小赵的公司裁员。很自然，他想到这些苦心经营的人脉关系。

结果，出乎意料。在他最落魄的时候，居然没人伸出援手。这些人听到他的消息，都躲得远远的。最后还是在我的引荐下，找到一份收入对等的工作。

小赵的人生，不可谓不热闹。太多不相关的人，被他硬拖进自己的人生。然而这些熟悉的陌生人，都在危难面前现出了"原形"。因为这些人，本来就是陌生人，只不过被小赵当成朋友。他们看中的，不是他本人，而是他背后所在的公司或平台。一旦离开某个群体，某个人可能什么都不是。

以为认识尽可能多的人，就能翻云覆雨、一路畅通，这只是一厢情愿。因为大多数认识的人，很难称之为"朋友"，最多只能算人脉。既然是人脉，难免掺杂功利的成分。所以结交人脉时，首先要让自己强大起来。

大学时，有个室友叫"小呆"，人看上去有些呆乎乎的。

大学毕业后，寝室几个哥们都找好了工作，只有"小呆"傻乎乎地留校读研、读博士。

几次的同学聚会，"小呆"始终缺席，大家几乎忘了还有这号人。

就在读博期间，"小呆"折腾出一些明堂。靠着这项发明专利，"小呆"摇身一变，从一个穷学生华丽转身为千万富豪。就在这时，"小呆"不知被谁拉进微信群。大家极力恭维他，说早就看出他有成功人士的潜质，主动与他加为好友。

"小呆"在各类媒体上频频亮相，和社会名流接触的次数也逐渐增多。

今年年初，"小呆"的父亲要做开颅手术。本来他担心国内的医疗条件不到位，想把父亲送到国外治疗。但父亲身体吃不消来回颠簸，只好找了这个学科最强的市六院。

由于医院床位紧张，他被告知要耐心等待住院部床位空出来。"小呆"心急如焚，父亲的病实在拖不起。可是自己在医院又没有什么熟人，再着急也没用。

但不知道谁走漏了这个消息。一天内，他接到好几个电话，都是帮他父亲安排床位的。只等了三天，父亲就被推进手术室，一切就是这么顺理成章。

当你强大到一定程度，自然会吸引到同等强大的人脉资源。

就像"小呆"，"呆"得不懂得主动结交人，却能在最需要别人帮助时，不至于孤立无援。

到底是把时间花在提升自己还是花在积累人脉上？很多人觉得这是一道两难的选择题。其实我们应该明白这点：人脉只能锦上添花，很难雪中送炭。与其去寻找和笼络人脉，不如把自己变成别人都想结交的人脉。

因为人脉是一种"价值交换"，建立在双方都有利用价值的基础上。如果你是一个很普通的人，别人凭什么要花时间和你在一起？即使在一起时不花费什么，但时间本身就是隐性成本。

正如《肖申克的救赎》中所说："有的鸟儿你是关不住的，因为它的每片羽毛都闪着自由的光辉。"做一个"自带光环"的人，远比做一个去寻找光环的人要靠谱。

在1982年第一届全国中学生计算机竞赛上，沈南鹏和梁建章这两个"数学神童"同时获奖。初次相遇，他们绝对不会想到若干年后，两人会联手缔造中国互联网产业的奇迹。

他们绝对不是因为相遇而变得优秀，而是因为彼此优秀而相逢。这种强强联合会产生 1+1>2 的效果。

当你只是路人甲，以为和某个名人握过手，和某位行业大咖吃过饭、交换过名片，他们就能成为你的人脉？大错特错。很可能握过手，吃过饭，交换过名片后，依然是"你认识他，他还不认识你"。

从孙悟空的成长史中，就很能说明人脉是由你自身的能量级决定的。

当他还只是花果山的一只猴子，身边只有一群不知天高地厚的同类；当他从菩提祖师那里修得仙术，就可以和牛魔王等"妖界大咖"称兄道弟；当他经历五行山之难，孙悟空开始低调做人，即使在西行路上，他也对诸路仙佛毕恭毕敬。

这一切，随着他成为斗战胜佛后彻底改变。

头上的紧箍咒没了，他又一次能任意穿梭天地人间，浪迹五湖四海。天南地北的神仙成为他的"哥们儿"。

因为他变强了，这一切手到擒来。只有变得更强，才会有更好的人脉。

有句话说得触目惊心："那些特别急切想结识别人的人，往往就是别人最不想认识的人。"

人生不需要结交过多所谓的"朋友"，而把宝贵时间都花在应酬和社交上。人生能得两三知己足矣。

真正的友情，存在于俞伯牙与钟子期之间，会因为知音失去，而没有继续弹奏下去的必要；真正的友情，存在于俞管仲与鲍叔牙之间，不会因为他超过自己，就心生嫉妒，在合适的时间，把机会留给自己的朋友；真正的友情，存在于嵇康与山涛之间，宁愿不惜以"绝交"这种方式，诠释友谊的最高境界，彼此有一份心心相印。

真正能走进我们生命之河的，不是人脉，而是真朋友。与人脉不同，朋友之间更多是情感交流，而不是建立在利益基础上的。

请把这些真朋友请进我们的生命。然而生命的硬盘终究是有限的，那些人生的过客，就让他们在我们身边匆匆而过吧。

"非典型女博士"的文化探寻

"我曾梦想抱着一把吉他浪迹天涯，没想到却误打误撞念了博士。"眼前的这位美女，与传统的博士形象大不相同。

她叫江凌，被公派去美国密苏里新闻学院访学一年，重新激发起已经渐渐熄灭的新闻梦。她要拿起笔，带上相机和录音笔，与众多普通人相遇，做一个记录的行者。也就在访学期间，她知道了美国66号公路。

66号公路被美国人誉为"母亲之路"，始建于1926年11月，从芝加哥出发，途径伊利诺伊等8个州，终点是洛杉矶圣塔莫尼卡海滩，全长3939公里，有着深厚的文化历史意义。但她因为要写博士论文，抽不出太多时间去探访这条公路。于是她决定在30岁生日时，完成心中这个夙愿。

2015年7月，江凌利用暑假飞到美国，用双脚去丈量66号公路，去看看这条路上究竟有怎样的故事和风景。这次旅程中，江凌印象最深刻的是被誉为"66号公路上最后的嬉皮士"、66号公路的灵魂人物——鲍勃·

沃德麦尔。

鲍勃是美国著名的嬉皮士艺人和 66 号公路地图绘制者。他的一生创作无数明信片、海报和手绘地图。

54 岁时，鲍勃被告知患上了直肠癌，他拒绝接受治疗，度过了人生最后的十年。《汽车总动员》里面那辆会说话的面包车，原型就是鲍勃的车。当时制片方要把这个"人物"命名叫沃德麦尔，鲍勃却严词拒绝。他不希望自己的名字出现在迪士尼的各种纪念品上，不愿意沾染商业气息。

无儿无女的鲍勃去世后，将所有财产都捐赠给家乡的 66 号公路博物馆。这辆用黄色雪佛兰校车改装的环保房车，成了鲍勃在 66 号公路上唯一的"家"。江凌驻足在这辆车前，仿佛看到一个放荡不羁、渴望自由的灵魂，在对自己、对所有的后人静静诉说。

"欢迎你来到我们的城市彭蒂亚克，我是这里的市长罗伯特。"别扭的中文发音，通过手机翻译软件向江凌传达信息。就在伊利诺伊州彭蒂亚克市 66 号盾形 logo 前，她偶遇市长罗伯特先生。

这位罗伯特先生有着让人肃然起敬的过往。他是一位富翁，因为爱这座城市，放下财源滚滚的事业，应聘成为市长。每月只拿着 1000 多美元的工资，在市中心博物馆接待来自全世界的游客，向他们介绍这座他深爱的伟大的小城。

回国后，江凌收到他发来的邮件："希望你带上中国的小伙伴们，再次重游彭蒂亚克，我将会在这里静候你们的到来。"

江凌将沿途碰到并记录的 32 个人物故事整理成文。2016 年，这本名叫《穿越 66 号公路》的书正式出版，细致地勾勒出了美国的草根文化。

走过美国的 66 号公路，江凌的下个目标是一条国内拥有悠久历史文化的线路。她没有去过藏区，这块圣洁之地在她心中非常神秘，并存有一份敬畏。

正巧 2017 年初，她参加了中国自驾游活动，做了自己 66 号公路穿越之旅的现场分享，还有幸结识青海玉树藏族自治州的旅游局局长。他对江凌的故事很感兴趣，邀请她去三江之源国家公园。于是，她决定在 2017 年暑假去看一看三江之源的模样。

2017 年 7 月，江凌参加一个尕朵觉沃转山活动，有幸与世界马拉松冠军孙英杰、思凯乐户外创始人曾花、中国户外网创始人王敏、知行家机构创始人江南老师一同转山。

藏历五月十五世界公桑日，转尕朵觉沃是当地的一项传统。转山是对山神表达敬畏，是一种朝圣。对缺乏经验的外来者来说，转山是对体力和意志力的考验，需要向导，也需要同伴，不然在转山途中容易迷失方向。

江凌有幸在这个具有纪念意义的日子，经历人生中的第一次转山。他们从中午出发，刚开始江凌的体能尚可，半个小时过后，她的速度明显下降，不时被身后的人超过。走了几个小时，她走一步喘几下，身边没有一个人，这才意识到自己掉队了。

天空突然阴沉，紧接着下起小雨，随后雨水变成雪花。她穿上雨衣，看着漫天纷飞的雪花，还有前方扑朔迷离的道路。

好不容易爬到山顶，已是下午 6 点。江凌寻找下山的路，可放眼望去，哪里是尽头？就在她意识到自己迷路时，遇到一个康巴老乡。他过来接过江凌手中的包,指出一条相对比较好走的路。在这位老乡的指引下,她终于安全下到山脚。

十几天后,江凌在玉树市中心的格萨尔广场,观看一场当地歌舞团的藏族舞蹈演出。就在等待观看演出时,突然天降大雨,将她的衣服打湿。当天晚上有采访工作,她没时间换衣服,湿衣服贴住背,一直持续了两三个小时。结果第二天,她生病了。她在当地医院就诊、吃药,情况并未好转,又过了一天扁桃体发炎,肿得说不出话来,特别疼。

但她不顾身体的"抗议",离开玉树到玉树下属的囊谦县,因为她想继续采访,不愿因为生病就耽误采访计划。

就在囊谦县的达拉寺附近,在一座独立的山峰上,坐落着格萨尔王及三十将士亡灵台。当被征求要不要去,基于格萨尔王的传奇色彩,江凌想亲自去看一下。这天一大早,两个僧人背着所有行李,准备好水和食物从寺庙出发。

最初的山路上还有绿色植被,但越往上走,只剩下一些比较干枯的蕨类地表,还有非常容易打滑的小碎石。路面也越来越倾斜,变成陡坡。道路特别滑,稍不留神就会滑倒或陷进去。要是掌握不好重心,还有滚下山的危险。

江凌爬到山顶花费了近三个小时,时间已近中午。瞻仰格萨尔王的亡灵台后,她和僧人准备下山。但眼睛不经意间往下瞭,下面是深不见底的深渊,难免心生恐惧。另外,由于没有随身带专业的登山装备,比如登山鞋、同伴绑在一起的绳子等。没有这些装备,对于她这种没有太多野外登山经验的人来说,走这样的山路是非常危险的。

僧人们牵着她的手，一步一步缓慢地走在前面。他们每走一步，踩出让江凌可以受力的脚印。眼看走到半山腰，她一个踉跄没有站稳，身子有往下滚的趋势。僧人立刻冲到她腿部的位置，帮她固定住身体，用力往上拉，这才让她重新站起来。

回到寺庙大概是下午 5 点钟，当地人来回一趟只需要 3 个小时，而她却花了 9 个小时。当天晚上，她泡在达拉寺的温泉里面，仰望繁星璀璨的夜空，觉得白天冒的风险是值得的。

艰难地完成采访计划后，她才去囊谦县人民医院拍片、输液。

江凌的下一站是杂多县，那里的海拔比囊谦县高很多，医生建议她不要去杂多县。引发她支气管炎的根本原因就是高原反应。如果在平地上，淋一场雨不会得支气管炎，但是在高原，一个感冒就会引发非常严重的支气管炎。医生劝她要么在囊谦县原地休息，要么回玉树或去海拔更低的地方。

江凌这才意识到自己只想要在最短的时间内完成采访，却一时疏忽让感冒变成支气管炎。她决定听从医生的建议，回玉树稍做休息。

江凌此行还有一个最大心愿，就是去探访黄河的源头。黄河正源，发源于曲麻莱县麻多乡政府所在地西南面的巴颜喀拉山约古宗列盆地，从曲麻莱县麻多乡方向行进 108 公里。她找来当地的藏族司机，走了四五个小时才到达。

这时太阳已经落山，天气变得非常寒冷。与黄河中下游雄壮磅礴的气势相比，它的源头只是一个不起眼的泉眼。一大一小的反差，衬出大自然的鬼斧神工。

站在黄河源头，她掏出随身带的水杯，灌入黄河源头的水，把世界上最圣洁的水，把这段旅程都珍藏起来。回到家后，她把这份记忆留存进一个很漂亮的瓶子里。

2017年9月份返程后，江凌一直处于闭关状态，写作《旅行者的家园》这本书。

历时两个多月，江凌完成近20万字的采访素材与1000G的摄影素材。她采访了100多位各个行业的当地人，有仁波切、牧民、民俗专家、藏族优秀企业家、小孩与老人，还有骑马穿越黄河第一人李荆。

通过这种生活史的微观访谈，她努力爬梳华夏文明、康巴文化、游牧文化和佛教文化，从中发掘出一条生生不息的文化脉络。

如果说《穿越66号公路》是探寻美国母亲路的旅程，《旅行者的家园》则是华夏文明的膜拜之行。一段路承载着一段历史、一种文化、一种精神，她将继续走下去，写下去。

"没有比人更高的山，没有比脚更长的路。学术无界，文化无疆，永远在路上。"这位"非典型女博士"，将继续独自行走在无疆的文化探险路上，不断让人生熠熠生辉。

第七章

高 EQ 是永不失效的通行证

聪明的极致是厚道

路边，有一位母亲正在"教育"孩子："这些内部资料，花了爸爸妈妈很多钱，怎么可以直接送人？"

孩子低着头，声音很轻地说："乐乐是我最好的朋友，有什么东西不该和他分享吗？"

"等到期末考试，他的成绩超过你，看爸爸怎么教训你！"

"我错了。"孩子憋出的三个字，让人心中隐隐作痛。

母亲还不忘继续叮嘱："现在是竞争社会，没必要过于厚道，做人还是精明一点好，这样才能在竞争中取胜，知道吗？"

孩子似懂非懂地点点头。

现代社会，难道每个人只能把自己包裹起来，用一种警惕的、精明的眼神，四处打量可能的竞争对手？

如果大家都用这种方式对待别人，那会是多么可怕的场景！这种精明，真能让我们在各种竞技场中无往不胜吗？

《红楼梦》中那句"机关算尽太聪明，反误了卿卿性命"，道出了诸如王熙凤等过于精明者的可悲结局。

过分精明，可能会在一时收获颇丰。毕竟你是有备而来，会占得先机。随着时间的推移，这种精明带来的收益会被稀释。反倒是那些一开始厚道的人，有后来者居上之势。

原因很简单，你可以精明，但天底下一定有比你更精明的人。一旦陷入精明的漩涡，你想抽身而出就变得很难。

这一年，公司到这所高校招了几十个应届毕业生。最终，一男三女来到这个新组建的设计小组。

男生生性木讷，不懂得花费时间钻营工作以外的人情世故。但这三位女生在入职前，或许看过很多人际关系宝典。上班第一天，就开始投身于各种"交际圈"和应酬中，和领导、同事走得很近。

只有男生，埋首于堆积如山的图纸中，画图、设计，常常在办公室待到深夜。

亲友们好心对那个男生说，应该多花些精力在工作以外的事上。

那个男生笑笑说："干好工作是一个职工的本分。"

时间一天天过去，到了决定谁能正式入职的时候。男生做好了最坏的打算，毕竟那几位女生和领导走得那么近，最终的录用名单中一定没有他。他没有后悔，通过这几个月的加班，从中学到很多东西。

出人意料的是，男生成为最终被录用的幸运儿。

后来才知道，同事们一开始很喜欢这几个活泼、善于交际的女孩。但时间一长，发现她们过于精明，在很多事情上不肯吃亏。比如加班，比如额外的任务，她们都找出种种理由拒绝。

她们只想搞好人际关系，把那些苦活、累活都留给了男生。自以为很聪明，没想到最后聪明反被聪明误。

正如记者问香港首富李嘉诚的儿子李泽楷："你的父亲教会你怎样的赚钱秘诀？"李泽楷坦诚地说父亲没告诉他赚钱的方法，只是教他一些做人处事的道理。记者虽然不相信，但还是继续追问是什么做人的道理。

李泽楷提到父亲叮嘱他和别人合作时，假如你拿七分合理，八分也可以，那我们李家拿六分就可以了。

有时候看似很"傻"的厚道，却能带来别人与你合作的意愿，带来职场上、事业上的发展机遇。

因为和厚道的人合作会让人感到安心。厚道的人，不会让别人产生被欺骗、被算计的担忧，能让其他人把时间花在刀刃上。

既然如此，为什么要给那些过于精明者机会？特别是对待比自己弱小的人，厚道更显得难能可贵。

面对不如自己的人，很多人会表现出傲气和颐指气使。能在这时保持厚道的处事方式，更是一种睿智和境界。

对弱者傲气和羞辱，不会给你增添分毫，只会带来负面效应。因为你不知道，眼前的这个弱者，或许会在未来某个时刻变成强者。

你用厚道善待他，他就会感恩戴德，这才是最大的智慧。

罗贯中在《三国演义》第六十回提道："宽以待人，柔能克刚，英雄莫敌。"厚道竟有如此大的威力。

难怪小区内那位年过九旬的孤老，平日里能得到街坊邻居的照顾。

或许在他年轻时就一直用和善和宽容对待别人，那颗厚道之心，闪耀着人性的光芒，也让他收获了幸福的晚年。

厚道是火，能温暖那颗被凄风冷雨伤过的心；厚道是水，缓缓流过，能带走喧嚣生活带来的尘埃。

与人厚道，就是于己方便。

正所谓："聪明的极致，就是厚道。"

没有这一点，情商再高也是白搭

《情商高的女人，人生到底有多不一样》《情商高就是心里装着别人》《情商低的人到底有多可怕》《性格不好，其实就是情商不够》《情商的最高境界是不让别人难堪》……

关于情商的爆文，铺天盖地地出现在微信公众号。原本智商"一家独大"，却突然被"半路杀出"的情商，抢了一大半天下。

这些文章中，情商被渲染得极其重要。智商高，情商不高，对不起，你随时会面临被踢出局的局面。

情商低真的无可救药吗？不见得。

在一个气氛凝重紧张的会议室，空气中都能嗅到搏杀的气味。

他吹胡子瞪眼地对小沃森说："我还有什么盼头？丢了销售总经理的位子，干着不起眼的闲差。我想尽快离开这里。"

发牢骚的人名叫伯肯斯托克，是 IBM 公司"未来需求部"的负责人。他是刚刚去世不久的 IBM 公司第二把手柯克的好友，而柯克与小沃森是死对头。伯肯斯托克很自然地认为，好友柯克一死，小沃森定会找机会收拾他。于是决定破罐子破摔，辞职了事。

小沃森脾气一向很暴躁，他的手下经常因办事不力被严厉呵斥。然而面对故意找茬的伯肯斯托克，他并没有发火。因为伯肯斯托克是个不可多得的人才，为了公司前途，一定要极力挽留。

听完伯肯斯托克的吐槽，小沃森缓缓地说："如果你真有本事，那么不仅在柯克手下，在我和我父亲手下都能成功。如果你认为IBM公司对待人才不公，那么你可以走，我不会为难你。不过我希望你能留下，因为这里有比其他公司更多的发展机遇。"

小沃森的话打动了伯肯斯托克。事实证明，留下伯肯斯托克是极其正确的。小沃森回忆录中，有这么一句话："在柯克死后挽留伯肯斯托克，是我有史以来所采取的最出色的行动之一。"

这些让人敬仰的大咖，脾气都不太好，都有些招人嫌，总之就是情商都不咋的。

但情商没有成为制约他们发展的"短板"。强悍的实力、超凡的能力，让他们蹚过情商这条"湍急的大河"。相反，我们还会认为他们很有主见，敢于坚持自己的观点，不被他人的意见所左右。

情商，不是决定人生高度的唯一因素。倒是有一点，让情商低的弱点反倒成为他们身上的"闪光点"——那就是实力。

为什么我们在事业路上不顺，要把脏水都泼在情商不高上呢？这是每个人都有归因心理。海德在《人际关系心理》中讲：人们总是寻找某一特定结果与特定原因间的不变联系。既然要归因，总要有一个"因"

来顶包。我们都有趋利避害的心理，这个"因"，不能把身上最阴暗的一面暴露出来。于是，情商不高就很不幸地充当了归因的"替罪羊"。

相比智商和实力，情商的量化指标相对抽象、模糊一点。把失败赖在情商不高上，能最大限度地降低心中的负罪感。正如古代人把很多不可解释的自然现象，都推到神龙见首不见尾的鬼神身上。因为难以捉摸、难以论证，这条因果链条就可以放心地建立下去。

归因于"情商不高"，确实省事不少，但是同时也会错失提升自己的机会。认识不到自身羸弱的实力，下一次我们还会在同一个地方跌倒。人生就是一种轮回和重复，而造成轮回和重复的罪魁祸首，就是我们自己。

当然，"情商"并非一文不值。如果在有实力的基础上，再配合较高的情商，那就完美了。

一位做健身教练的朋友，每月的私教课程收入一直位列所在健身房的 NO.1。

他能在 10 分钟内谈妥一位收入不高的人购买私教课程。平日里，他和这些学员关系相处也很密切。遇到他生日或节假日，总能收到学员的一些小礼物。尽管价值不是很高，但足见他在学员心目中的位置。

有一次问他："你有什么销售秘诀？"

除了对我倾囊相授所谓的"秘诀"，他说的一句话让我记忆深刻。

"能拥有这么多学员，并和他们关系这么好，口才是一方面，更重要的是我的专业实力。"

很多人吐槽健身房教练不专业，甚至一些没什么经验的人，都敢冒充私教。为了让授课更专业，这位朋友特地去国外进修，花了好几万元，拿到国际认证的健身教练资格证书。

"路遥知马力。"正如这位朋友，如果没有满满的干货，这些学员会买他的账吗？

如果没有实力，再高的情商也只是雕虫小技，无法成就大事业。

自己没实力时，情商低是一块短板；而实力提升后，情商低就能被别人宽容，可见情商绝非决定你发展高度的最重要因素。还是多花点时间提升自己的核心竞争力吧，这一点永远不会错。

你的善良必须带点锋芒

这段时间有点烦心。

有个朋友一直借钱，三年来总共借了 5 万块钱。因为借钱这事，老婆闹了不知多少回。实在顶不住压力，便向他索要欠款。但朋友说钱一定会还，但最近手头紧，过一段时间再说。

从那以后，我开始拒绝他的借钱请求，却被朋友恶毒地说每月几万元的收入，连这点忙都不肯帮，还算是哥们兄弟吗？

彻底懵了！每月几万元收入不假，可那是熬夜加班辛苦挣来的。至于帮忙，本来就没有这样的义务。

老婆冷笑着说："老公，这就是你的善良养的白眼狼。"

不禁疑惑：以后还能善良吗？

现实生活中，相信很多人都经历过这样的"善良困境"。身边有人眼看要陷入沼泽，你伸手拉他一把，会让他对你感恩不尽。但当你不断施舍，他便会将这份善心视作你对他的义务。

人性都有贪婪的一面，就像这位朋友，起初借给他一两千元就很满足，后来是四五千元，最后上万元都不眨一下眼睛。

欲壑难填。善良终究是有限的，而人的欲望是无限的。你不断付出善良，不断压抑内心的埋怨，很可能换来的不是感激，而是对方的肆无忌惮。

君子坦荡荡，小人长戚戚。当欲求得不到满足，他会反咬一口，让你成为无辜的受伤者。过分软弱的善良，在职场中很容易吃亏。

很多职场类书籍中反复强调人际关系的重要性，只懂得竞争的丛林法则，不懂得如何与别人合作，注定不会在职业发展的道路上走得长远。

合作法则肯定不错，但却有人曲解了写作者的意愿，将合作认为是一味逢迎、讨好、帮助别人。这些人，就是职场中所谓的"老好人"。

这些"老好人"，在职场中过得舒坦、如鱼得水吗？同学小于就有一肚子苦水。

起初是同事安娜指使小于干这干那，很多都不是分内工作。小于觉得做这些事不麻烦，有求必应。其他同事见样学样，把订外卖、收快递、复印文件等琐碎事务都交给小于。

时间一长，小于开始有些力不从心了，渐渐开始影响工作。

有一次，主管让小于在一周内完成一份市场调研。两天过去了，主管想让小于拿出调研的框架。小于却正在帮别人打杂，拿不出框架，被主管狠狠训斥了一顿。

她原以为平时帮别人这么多，有人会在领导面前替自己美言几句。不过，这只是小于的一厢情愿。

她心灰意冷，不再管那么多闲事，结果年底考核排在了末尾。

做"老好人"很累，因为付出的善良往往石沉大海。对于别人拜托自己的事情，可以帮，也可以不帮，但千万不要让别人养成依赖你的习惯。

同事之间，和为贵。需要表达自己原则和意见的时候，不要软弱不敢言。对于分外的事不要僭越，除非领导有特殊安排。对于不合理的请求，要勇于说"不"。

因为心肠太软，在他人眼里就是软柿子；心眼太好，在他人眼里就是缺心眼。单方面的善良不是尊重，而是无知；单方面的原谅不是谦让，而是纵容。受到伤害时，过分善良不会阻止作恶者继续作恶，只会让他得寸进尺。

苍蝇不叮无缝的蛋，那种懦弱式的善良，让你的世界裂开了一条缝隙，让那些恶人、歹人更加毫无顾忌。

美国密歇根大学的政治学家阿克塞尔罗德主要研究博弈论，他研究的重点是："多次博弈当中，最有效的规则是什么？"

为了验证理论成果，他在全球范围内征集一种计算机的游戏程序。最终，他征集到 14 个由各国顶尖的计算机高手设计的游戏程序，加上他自己编的程序，这 15 个程序进行角逐。

其中一个叫拉波波特的人，设计的游戏只有四行。

1. 我选择信任所有的人都是好的，他们是不会欺骗我的。

2. 如果他来跟我合作，我就会兑现我对他的承诺。

3. 如果对方选择背叛我，我就会选择惩罚你。下一次我也假装跟你合作，先给你很大的一个承诺，然后背叛你。

4.如果你过来跟我合作，你不再背叛我的时候，我再选择信任你。

因为这些规则透明，奖惩明确，其他程序都愿意跟他合作，拉波波特自然成为胜利者。尤其是其中的第三条，指出善良是有限度、有准则的。在这个复杂的世界里，你的善良要有限度，只有这样才能真正保护自己。

罗素说："若理性不存在，则善良无意义。"

善良不是懦弱，没有底线就是没有原则，就是对恶的放纵。不要过分遵从"吃亏是福"，更不能把头卑微地埋到土里。属于你的，就该去积极争取。不要因为背负"善良"的心理包袱，让你的合法权益受到伤害。

当自己受到侵害时，一定要懂得还击。因为在生活中，总有人想把你踩在脚下。

只有适度合理的还击，才能不让别人轻看你，才能在今后更好地行使善良的权利。

善良是你主动行使的权利，而非对别人的义务。当别人善待你时，你可以用它来感恩；遭遇不公时，应该予以还击。善良是一种人生态度，不该被滥用，也不是任人索取的赠品。请照顾好你的善良，让它像一朵玫瑰，带刺也美丽。

赞同爱默生的一句名言："你的善良，必须要有点锋芒，否则就等于零。"

你一生的运气，就藏在这四个字里

很多人抱怨，我的运气真不好！我怎么会这么倒霉呢！但世上真的有运气这东西吗？冥冥之中，似乎就有一双手在拨弄着我们每个人的命运，我们每天都在接受命运的安排。但实际上我们的命运掌握在自己手里。

好友娜娜，就亲手将自己的运气赶走了。

娜娜好几次诉苦，说办公室里有一个让她十分讨厌的女同事。我问她："这个同事哪些地方让你讨厌？"娜娜列举了女同事的种种陋习：在背后说坏话；邀功；凡是做成什么项目，似乎都是她的功劳……

有一次娜娜加班到很晚，终于完成一个策划案，颇得客户赏识。论功行赏时，老板却把首功记在那位女同事身上。娜娜终于没忍住，果断和她在办公室里争论，据说还差点动手。

没多久，两人先后收到辞退通知。

临走这天，有一位同事悄悄对娜娜说："其实老板本来想辞退这个女同事，但你这一闹，结果把自己也搭了进去。你没看其他人都忍着吗？

即便讨厌她，也没必要把矛盾公开化。"

遇到与自己三观不合的人，总有人会按捺不住内心的冲动，继而怼、喷，恨不得将对方大卸八块。这种不留余地的过激反应，根本无法换来你想要的结果。

就像作用力与反作用力的原理，给予对方多少点攻击值，自己也会受到相同点数的伤害。

生活中的不如意、不称心和不公正对待比比皆是，每一次都要横眉冷对吗？绝不是这样。有时候过分的抗争，只会让自己陷入更加被动的境地。

公司裁员，同为中层管理人员的 L 和 W，都位列其中。两人都在这家公司工作 10 年之久，兢兢业业，任劳任怨，为公司发展付出了宝贵的青春。

岁月不饶人，两人的精力大不如前，拼不过那些刚进公司没几年的小年轻，拿的收入却是很多人的数倍。

公司不是慈善机构。按照成本收益法则，被归入裁员名单也算是合情合理。

W 心平气和地接受这个事实，拿到并不算丰厚的补偿金，风平浪静地离开公司。而 L 认为顶头上司从中作梗，咽不下这口气，将公司告上法庭。

公司有专门的法务部门，裁员肯定会最大限度规避法律责任。L 和法务部对峙了一年多，并没有捞到什么便宜。好不容易结束了这场暗无天日的官司，L 去其他单位应聘，没想到却举步维艰。

原来他在这个行业的恶名，早就随着这场官司"声名远播"了。L没辙了，死磕到底换来如此恶果。

他在一个偶然的机会，遇到曾经的同事 W。W 此时已是另一家公司的副总，深得老总信任，在新岗位上如鱼得水。

W 对 L 说，也曾有朋友替他不平，怂恿他和董事会讨要说法，实在不行诉诸法律。

W 没有接受这些建议，说既然别人让你滚蛋，就没必要再让对方难堪。因为这些抗争，无助于改变事实。就像即将分手的恋爱男女，即使将天各一方，也可以把美好的一面留在对方的记忆中。

就是这种豁达的心态，让他很快找到下家，活得甚至比以前还要好。

遇到不公正对待，不留有余地，死磕到底，只会让手中批判的武器伤害到自己。与其这样，还不如放下仇恨，放下愤怒，把精力放在下一站。

曾经看到冬季查干湖上捕鱼的场景，甚是壮观。更让人震撼的不是人们忙碌的身影，而是网口很大的渔网。网口这么大的渔网，让很多小鱼漏网，捉到的都是几斤重的大鱼。有人不禁会问，如果网口小一些，不是能捕到更多的鱼吗？

这就是查干湖渔民的生存智慧，这是他们千百年来，和大自然达成的一个"默契的协议"。增大网口，主动减少捕捞量，就是为了鱼苗的休养生息。因为他们看到竭泽而渔的危害，唯有让小鱼漏网，才能不断捕到大鱼，才能不断迎来"鱼满仓"。

这就是"留有余地"在人与自然关系中的一种真实写照。留有余地更是一种气度。

随着互联网的蓬勃发展，传统电子商务龙头老大 IBM 公司受到严重冲击。主营业务被竞争对手逐一抢占，公司业绩出现大幅度下滑，员工离职率呈上升趋势。时任总裁兼 CEO 的路易斯·郭士纳心急如焚，迫切希望改变被动局面。

一个月后，路易斯公布了一项精英创业计划，鼓励员工在"职业内"创业。公司专门设立了一笔不菲的员工创业基金，用于投资员工的创业项目。无论是高层还是普通职员，只要是 IBM 员工，都有机会申请这笔创业基金。

公司聘请相关专家学者，对员工的创意进行价值评估。通过评估者，就可以得到创业启动金。在这个项目中，公司投资 80%，个人仅需投入 20%。项目实施后，公司会视情况，进一步增加投入资金。如果时机成熟，员工还可以注册成立公司，成为隶属于 IBM 的法人主体。

这项政策公布后，有人提出担忧：部分员工羽翼丰满后，可能会离开 IBM，这样 IBM 不是帮别人作嫁衣吗？

事实印证了这个担忧。有人拿着 IBM 的钱成立公司，做大做强后成为公司的竞争对手。但路易斯并不介意，仍然要大力推行这项政策。最后那些曾经成为竞争对手的公司，最后也成了 IBM 的合作伙伴，为 IBM 开拓新业务立下了汗马功劳。

给他人作嫁衣，换作谁都不会乐意。但路易斯就是有这种气度，不对这些"叛逃者"兴师问罪。

谁都没有预测未来的能力，你反对的人、讨厌的人，很可能在未来成为合作者。当下留有余地，为今后的合作埋下伏笔。

华为老总任正非写过一篇《管理的灰度》。他说：一个领导人的水平就是合适的灰度。

人生，绝不是非白即黑、非此即彼。不只是领导水平，在为人处世方面，我们都要掌握合适的灰度，给自己和他人留有余地。

留有余地是一种智慧和策略，既可以让自己避免陷入无谓的漩涡中，也能为东山再起、重整旗鼓留下好人缘。因为人心是肉长的，你给别人留有余地，他人一定会在重要的时候回报你这种宽容。

正如张爱玲的散文《我的天才梦》中所说："生命是一袭华美的长袍，上面爬满了虱子。"

不必将生活这件华美的袍上的虱子赶尽杀绝。你一生的运气，就藏在"留有余地"这四个字里。

生活不仅有很多丑陋和尴尬，更多的还有美好和希望等待你去挖掘。留有余地，就是给你一双这样的慧眼。有这样的慧眼，就会抓住人生中仅有的几次机会，还愁好运不来敲门吗？

斤斤计较，是拿别人的错误惩罚自己

"你说，这个项目我熬了几个通宵，才完成得这么出彩。凭什么她们要在背后这么说我？"表妹愤愤不平地说。

大学毕业刚工作一年，因为踏实肯干、虚心好学，表妹很快得到老板的赏识。正巧公司有个海外项目，她有幸成为项目领头人。总额近千万的项目，交给20岁出头的黄毛丫头，可见表妹在老板心中的地位。

接手这个项目，表妹的生物钟彻底混乱了。听阿姨说，大半个月内，表妹几乎没有在夜里12点前回过家。最后冲刺阶段，就在办公室内过夜。

眼窝凹陷、嘴唇干裂、脸色有些青灰……表妹"灰头土脸"地收获了这份令人艳羡的大合同。而合同签署的第二天，表妹大病一场，只好请了几天带薪年休假。

回到公司，表妹却听到很多不和谐的"音符"。

"这个小丫头，就知道出风头，搞得好像公司离开她就不能运转。"

"乐极生悲！她这么招摇，老天都来惩罚她，不是大病了一场嘛。"

各种羡慕嫉妒恨的字眼不绝于耳……

面对表妹的抱怨，我没有正面回答她："你手头还有其他项目和工作吗？"表妹从愤怒中回过神来："多得数不过来，有几个还火烧眉毛呢。""那你还磨叽什么，快去做啊！"

表妹感觉不解气："工作我能处理好，只是这几只苍蝇嗡嗡叫，让我觉得恶心。"

我笑着说："你都称呼她们是苍蝇了，还有必要和她们计较吗？"

工作和生活中，总会有人对你看不惯，对你的成绩心存嫉妒。这就是人性的弱点。因为在深层意识中，每个人都有自我心理。既然知道是人性的弱点，何必要和他们去计较，去理论？

表妹是职场新人，还未遇到职场中更多的"雷区"和"暗礁"。而下文中的杨先生，相信很多"职场老司机"都会深有同感。

年过而立之年的杨先生，经过猎头介绍，出任一家公司的市场总监。正式上班后，杨先生发现实际情况和猎头公司描述的大相径庭。薪资待遇没什么落差，只是老板人为设置太多条条框框。

部门内每项决策，哪怕只是琐碎的日常性事务，老板都要亲自过问。杨先生递交的工作设想，被老板改得面目全非，很多意见看上去业余得很，根本和市场需求不相符。

这个市场总监当得太窝囊，勉强支撑半年，杨先生递交了辞呈。由于是主动解约，几乎拿不到什么补偿。很多人都劝他，不能这么便宜这家公司。"会叫的孩子有奶吃"，去董事会争取一下，或许会拿到一笔不错的补偿金。

杨先生耸耸肩说："好聚好散！既然准备走了，何必再纠缠这些？我现在想的是如何做好下一份工作，而不是思考如何争取补偿金。"

才半个月时间，杨先生就找到一份薪水相当的工作。这次选择没有让他失望，他在这家公司如鱼得水，半年后就升任公司副总。

受到不公正待遇，很多人第一时间想到的就是反击。而有些反击，不能为你带来过多收益。就像杨先生，可能去董事会闹一下，会得到一些钱，却同时破坏了自己在圈内的形象。

受到不公正待遇不是你的错，那你就不必再为这种错误买单，把自己的前途也赔进去。把眼光投向远方，就没有了和别人斤斤计较的闲心。这是一个意见多元化时代，相信任何言论都不可能收获所有人认同。

有些人就喜欢鸡蛋里挑骨头，就是三观很正的思想，也难逃他们的找茬。

我在闲暇时喜欢写点文章，发布在微信公众号上。这些文章，谈不上精辟，最多只是日常生活的一些思想碎片。日积月累，这些思想碎片也招来了不少粉丝。

林子大了，什么鸟儿都有。捧你的、赞你的，当然是绝大多数。然而每隔一段时间，也会有一些对人不对事的刺眼论点。

他们捕风捉影，抓住文章中的某一句话、某一个分论点，对其片面地演绎、引申，由此推论到极其荒谬的境地。

"是可忍孰不可忍。"换作以前，我一定会组织语言进行反击。然而现在面对这些差评，心态明显平和很多。

辩解什么？本来就不是他们所说的那种人，根本不需要为自己正名。

再者，辩解过程中，难免会言辞不当，这正好中了他们预设的圈套。他们巴不得和你大战三百回合，因为"与天斗、与地斗、与人斗"，是他们人生唯一的乐趣。当辩解无法改变这些人的观点时，还不如把嘴闭上。

他们大多是一些眼光狭隘、自我感觉良好、见不得别人好的人。这些缺陷，会让他们在今后的人生中受挫，我们何必卷入与他们的是非之争？

就像《三傻大闹宝莱坞》中兰乔说的，"Follow your heart（顺从你的内心）"，不管是何方妖孽，都无法左右我的情绪。爱自己所爱，不委屈自己。

这句话，同样适合面对各种"黑"。

被别人泼了脏水，受到某种不公正待遇，不要先想着去计较，在正面战场上赢回面子和尊严。因为尊严，从来不是用语言、用嘴能赢得的。唯有内在的实力，才能让你真正活得有尊严。

所以，不需要把时间消耗在无谓的斤斤计较上。提升自己的核心竞争力，就是对各种"黑"你的人最好的反击。

我们的善良与宽容，应该留给谁？

杭州某高档小区的一起纵火案曾经引起人们的广泛关注。

这起发生在杭州"蓝色钱江"小区2幢1单元1802室的大火，经过消防员全力抢救，火势终于被扑灭，但一位年轻母亲和三名孩子却在大火中殒命。经过警方调查，这是一起纵火案，嫌疑人是这家人雇请的保姆。

提到纵火案，人们一般都会想到复仇。然而事实却与猜测相反。

女主人给保姆开出高薪，据说每月高达一万元。此外，未曾有任何刁难她的行为。遇到保姆身体不舒服，主人也不强迫她做事。可以说，保姆在这家的日子过得相当不错。

但为什么要起杀心？背后的原因令人唏嘘。

这位保姆早就是嗜赌如命的赌徒。见主人家生活过得这么好，遂心生不平。因为迷上赌博，她曾偷过家里的钱。结婚后，前夫帮她偿还了一百多万元赌债，后来见她屡教不改，只得与她离婚。没有经济来源，她只能离开家乡，去外面的世界谋生计。

一开始，她发誓痛改前非，想用自己的双手养活自己。但赌博的诱惑力难以抗拒，她还是希望通过麻将、六合彩等获取不义之财。有几次去澳门赌场，她即使输了钱也不愿意走。

她当时在一家公司做会计，一年有 20 多万元的收入。如此丰厚的工资，也不能支撑她挥金如土的赌徒生涯。被公司开除后，她只好来这户人家当保姆。女主人见她做事麻利，还口口声声说自己找对了人。

其实在事发前，主人领教过这位赌徒的恶性。为了填补"窟窿"，这位保姆"手脚不干净"。但这些小节，没有影响主人对保姆的评价。她一再原谅保姆，对她的劣性选择宽容。也正是这种无原则的宽容，促使一家四口人的生命在这场欲念之火中陨灭。

无底线的宽容只会给自己带来不可估量的伤害。因为有些错误，是不能被宽容的。对恶行一味纵容，就是对善良的践踏。

生活中，我们经常会遇到各种伤害。是以德报怨还是通过正当手段维护自己的权益？可能很多人在被伤害后，担心"亮剑"成本太高，不会收到什么成效。这种胆怯的"善良"，恰恰助长了恶人的嚣张气焰。我们需要有人站出来，对这种明目张胆的侵犯说"不"。

那么，我们该把善良和宽容留给谁呢？留给那些值得拥有善良和宽容的人。

曾经看到一则报道：讲的是一家三代人，照顾一位年过九旬没有任何血缘关系的老人。将老人与一家几十口联系起来的，是她含辛茹苦地带大了三代人。

几十年前，老人还只有 20 多岁。因为家乡发生特大水灾，来到这座城市投奔亲戚。找了很多天，她依旧没有找到亲戚家。眼看就要街头流浪，她遇到了这家人。他们好心收留了这个无家可归的女人。此后，她成了这家人的"居家保姆"。

过了耄耋之年，老人的精神头大不如前。这家人决定不让她再操持家务，并准备让她在家中颐养天年。

由于年岁已高，老人精神器官出现衰退，难免会莫名其妙地发脾气。面对老人无端地摔饭碗，不肯吃东西，他们像哄孩子般，哄着她把饭吃完。

都说久病无孝子。就连亲生子女面对失去生活自理能力的父母，都不可避免会产生埋怨。然而这家人，却从未有这样的负面情绪。因为他们是在感恩，感恩老人几十年来对这个家的付出。

半个多世纪来，老人一直在输出"善良"。她在"善行银行"存入很多本金，现在到了享受利息回报的时刻。当然，她并不图回报。不过她的善良感化了这家人，他们觉得自己有义务照料老人，让她安度晚年。

真正的善良，是一种不相上下的付出。因为你付出了，你对我如此宽厚，我心甘情愿地付出善良。

宽容和善良是有限度和底线的。对于某些原则性问题，如涉及法律责任认定的问题，绝不能用宽容待之。"以德报怨"固然值得人们尊敬，但我们更需要"以直报怨"。

我们的善良与宽容，究竟应该留给谁？应该留给那些同样善良、宽容的人。请记得，当你面对一只虎视眈眈的野兽时，迎接你的不是微笑，而是血盆大口。

学会拒绝，才能掌握人生的主动权

曾经因为不懂拒绝，让自己陷入一场苦战。

那是一年前的年底，每年中工作最繁忙的时间段。就在这个节骨眼，阿姨打电话，说有一事相求。阿姨小时候待我很好，这个忙肯定要帮。还没等她说出下文，我就答应了。但是很快，我就为自己的豪爽付出了代价。

深夜 11 点，邮箱内躺着一封电子邮件。原来是几天后，阿姨要去国外参加一个学术交流会，需要递交一篇几千字的音乐学论文。既然是国际性学术会议，论文肯定要以英文形式提交。我大学毕业时考了高级口译证书，阿姨可能觉得我将这篇论文翻译成英语应该不成问题吧。

但哪里是不成问题？简直是压力山大。

工作这几年，能接触到外籍人士的机会少得可怜，几乎把英语词汇和语法都还给了老师。此外，论文中满是一些专业词汇，不是一般英汉词典能查询到的。于是只能挑灯夜战。但是从第一句开始，就嗅到这次翻译是"蜀道难，难于上青天"。

奋战了几个昼夜，把自己熬出黑眼圈，才总算勉强把译文交给阿姨。

由于是"仓促应战"，译文的质量可想而知。为此，阿姨好一阵子和我不开心，说我在敷衍她、没有拿出真才实学。我简直比窦娥还冤。

早知道是这个结果，真该在一开始就委婉拒绝。

别人有求于自己，如果在能力范围内，伸出援手是应该的。但如果勉为其难呢？是拒绝还是忍辱负重？大多数人愿意选择后者。不懂得去拒绝，常常会适得其反，让自己陷入极其被动的境地。

超出能力范围的要求，应该尽早说"不"。与其到最后弄巧成拙，不如在一开始就远离这个烫手山芋。

如果说亲友的请求，拒绝起来还相对容易些。但老板或上司对你提出不合理要求，该如何应对？

晓莉是一家连锁超市的店长，为人谦和，工作踏实、肯干。她带领的团队，每年销售业绩都位居总公司第一。老板对晓莉的工作表现很满意，于是便经常邀请她去家里用餐。

晓莉觉得这是和老板套近乎的好机会，每次无论多累，都欣然赴约。时间一长，晓莉和老板的关系就很熟了。

有一次，老板没法去送孩子参加培训班。他很自然地想到了晓莉，让她代自己送孩子。本来，晓莉还以为老板只是临时让自己当救火队员，可事情没有她想象的那么简单。在以后的日子里，老板一有什么事情，就会找上她，接送孩子、辅导孩子功课、订购私人旅行飞机票、送一些重要物品等。

尽管内心不情愿，但为了所谓的前途，晓莉只好继续充当老板的"私人保姆"。也因为这样，她的老公一直颇有微词。

晓莉一开始就没有处理好与老板间的关系尺度。原本想拉近彼此私人关系，没想到却陷入对方的生活琐事中不能自拔。虽然表面上被老板"器重"，实则是被无偿地榨取"剩余价值"。

老板要求办理的私事不可全盘接受，那些完全超过工作范畴的琐事，就应当理性拒绝，否则就会影响自己的生活。

不要因为他是你的老板或上司，就丧失拒绝的底气。这就是一场博弈，老板也不一定指望你会答应。像晓莉这样大包大揽，老板乐得做甩手掌柜。永远记住，老板更看重的是你的核心竞争力。当你有说"不"的底气，请不要放弃这项宝贵的权利。

这是一个荒诞的故事。

在一座小县城内，夜间赶路会遇到一个怪人。他从后面猛冲上来，一把抢走手上的包或其他东西。如果去追，他会边跑边喊："跑啊，来追我啊！"似乎没人能追上他，自然没人看见过他的容貌。

小Z在夜里遇到这个怪人，新买的手机被一把抢走。他没跑几步就气喘吁吁，眼见抢劫者的身影越飘越远却无能为力。

但一天后，抢劫者的尸体被发现了，手中还握着小Z的手机。据法医鉴定，死因是过度跑步导致的心肺器官衰竭。谁会这么傻？明知不行，还会拼尽全力跑下去？最终查出幕后黑手是一名长跑运动员。一场车祸让他不得不提前退役。于是，他用不知从哪里学来的魔法，让别人的双腿不受大脑控制，奔跑到死也不停歇。

"恶魔"被制服后冷冰冰地说："人一辈子都在努力向前奔跑，为了前面的目标、名利、金钱或者尊严。只要开始跑，就很难再停下来，只要开始跑，腿和身体就不属于你，停下似乎意味着死，可是一直跑人也会死……"

故事的情节是假的，但是用了极具夸张、讽喻的手法，把当代人的生存状况描摹出来。

每个人的面前，都有一个个物化的目标——名利、金钱或者尊严。要攫取他们，唯有不断工作，不断压榨自己。一旦停下来，似乎就是一场灾难，一个不能饶恕的错误。只有不停奔跑，才能心安理得。可生理和心理终有极限，过度透支，会让我们不堪重负。这个时候，我们是否该拒绝内心过度膨胀的欲望？

亚健康乃至过劳死，正是现在成为年轻人身体健康的杀手。"年轻时拿命赚钱，年老时拿钱养命""出师未捷身先死"的悲剧，不经意间在身边上演。

高中同学丽娜，读书时是学霸，工作后是"三高女性"（高学历、高职务、高收入）。在这光鲜背后，却是鲜为人知的辛酸。进入外企工作6年，她每个月只休息两三天。作为完美主义者，她不允许工作中有一点点瑕疵。所以她才能从行政助理很快做到市场总监。

然而她开始失眠，好多事要她操心，她根本静不下心来。头发开始大把脱落，哪怕用再多护发素也无济于事。脾气越来越坏，情绪越来越糟，常因一些琐事大动肝火。心里更是一阵阵恐慌，总觉得无法完成既定目标。

生理和心理上的变化，让她在工作中老是出差错、开小差，这在她以前的工作学习中很少发生。她开始抱怨自己，暗自发誓要更加努力，要集中精力，不过这种心理暗示却毫无效果……

事情发展到最后，她吞下了一整瓶安眠药，好在父母早有提防，使她没有过早香消玉殒。

加班、超时工作……越来越多的公司将其奉为一种企业文化。还有大量成功学书籍，对此大加赞许。年轻时应该拼搏，不该贪图安逸，然而要取得成就，就一定要以牺牲身体健康为代价吗？

相比"活下去"这个终极目的，任何名利都只是手段和途径，不该本末倒置。

一旦你的工作开始对身体产生严重伤害，我们应该毫不犹豫地挥起"奥卡姆剃刀"，坚决地加以拒斥。

牺牲一点眼前的名利，放缓一些前行的脚步，拒绝一些不合理的加班熬夜要求，是在为你的未来蓄力，更是人生的终极意义。

拒绝，会让别人不高兴、不舒畅。不过相比内心的委屈，宁愿产生这种暂时的副作用。毕竟，你才是自己生命的主人。只有学会拒绝，你才能掌握人生的主动权。

吵架也是有技巧的

　　丽娜和丈夫大伟整整吵了一晚上。起因是丽娜看韩剧时漫不经心的一句话："我觉得你不像恋爱时那么爱我、宠我了。"

　　如果大伟说话婉转一点，可能这一茬也就过去了。估计这天大伟心情不好，他反诘一句："那你呢？你又好到哪去？"这下子，彻底点燃了争吵的"干柴烈火"。

　　后面的争吵，都纠结在一些细枝末节上，两人都觉得自己付出很多，但对方不理解自己。这是很多夫妻、情侣的吵架套路。一句直戳痛点的话，随后发散性地跳跃思维，从各个角度攻击对方，互翻旧账，最终没有吵出结果，一肚子怨气，冷战一段时间甚至分手。

　　这样的吵架，没有任何技术含量。

　　吵架是内心诉求的表达，是两个不同个体的磨合。就像丽娜指责大伟不那么爱自己，大伟可以这样反问："为什么你会这么想呢？"

　　再比如女生责怪男生没时间陪自己、不在乎自己，男生可以这么说：

"你觉得我一星期要陪你几天，才会让你觉得我没有不在乎你呢？"如果觉得对方说出的情况不合理，应该和她说一下你觉得不合理的理由。

每次吵架，一定会有一个焦点问题。但是许多人吵了半天，根本弄不清楚对方要的是什么。首先要做的，是把焦点问题找出来，通过语言上的交锋，尽量取得接近的意见。因为漫无目的的抱怨、争吵，只会让分歧越来越大，无助于问题解决。

许多人还有一个通病，就是喜欢在吵架时翻旧账。

张玲总会在和丈夫郝伟的吵架过程中重复那句："你是不是还在想那个女人？"

几年前，郝伟的初恋女友阿花和前夫离婚，日子过得很凄苦。丈夫看不下去，背着张玲支援了阿花一些钱。阿花本来死活不肯收，但无法拒绝郝伟的盛情，最终收下并坚持在一年后把钱还上。

世上没有不透风的墙，张玲还是知道了这件事，两人大吵了一架。尽管没有离婚，但张玲却始终耿耿于怀。丈夫一再辩解自己和阿花没有联系，但这个阴影始终挥之不去。

以后每次吵架，这件事就成为张玲攻击丈夫的把柄。到最后，郝伟无法忍受，离开了这个家。

争吵过程中，挖过去的旧账，只会激起对方抗拒的情绪，对矛盾解决一点帮助都没有。不要纠缠对方过去犯下的错误，把视线从过去移到未来，可以说这么一句话："如果今后遇到类似的问题，我们要怎么处理？"

听对方怎么处理问题，看看可不可以接受，随后讲出自己的期待；也可以讲你会怎么处理类似的问题，看看对方可不可以接受，他希望你怎么改变。

过分在意过去的污点，是拿过去的错误惩罚现在的自己。不要以为有这些把柄和护身符在手上，就可以在吵架时肆意妄为。吵架的表达方式很自我，在此期间，忍不住会打断对方。总是不让对方把话说完整，很容易激起对方的戾气。一旦这种戾气盖过理智，有效的沟通就会变得很艰难。

小秋的丈夫，结婚前是一个性格很急躁的人，动不动就会因为一些小事发脾气。然而几年过去，他的性子平和了不少，和刚接触时简直判若两人。小秋究竟对丈夫施了什么魔法？

小秋不是魔法达人，她只是做到了一点：做一个耐心的倾听者，冷静听完对方的讲话。如果丈夫讲话没有头绪、眉毛胡子一把抓，她会帮助他梳理出头绪。等他全部讲完后，阿花会整理复述他的想法，询问他自己的理解是否正确。

认真倾听，主动去接受。即使是性格暴躁如雷的丈夫，也会在这番"润物细无声"的攻势面前"败下阵来"。

被怒火冲昏头脑的人，会因为对方的倾听和准确理解，平复内心的愤怒。因此，让对方完整表达自己的想法，极其重要。如果自己说话时，对方一直打断怎么办？你可以这么说："你一直打断我，我没有办法讲出我的想法。"

当你已经提醒过两三次，对方依然我行我素时，可以给出这样一种选择："我觉得你一直打断我，这样我们没办法沟通。如果你想谈的话，就不要再打断我。如果你不能做到这点，那么我们就改天再谈。"

不打断别人说话，不被别人打断，双方完整地表达自己的想法，再从中找出问题所在，求同存异，矛盾的裂缝才能弥合。

最近采访了一位自媒体作家，她讲了许多她和老公吵架的事情：生气时，她要么不说话憋着生闷气，要么会一脸忧伤地说一些自认为很有道理的话。每当此时，她丈夫会哭笑不得地说："等等，你刚刚这句话好熟悉，好像一句歌词，又好像电视剧的台词。拜托！咱俩吵架呢！能不能有点敬业精神，认真地把这场架吵完？别整的和演琼瑶剧一样行不？"一说到这，两人不禁都被逗乐了，矛盾不知被抛到哪里去了。

发生吵架，很大程度就是希望将对方改造成自己希望的模样，或者想让对方认可自己的言行是对的，承认自己行为的后果。然而夫妻之间、恋人之间，真的一定要分出对错吗？

吵架并不像我们想象得那么可怕。它有助于亲密关系的磨合，有助于分歧矛盾的解决，还能成为生活的小插曲。不过，吵架也是有技巧的。吵好了，关系会越来越亲密。但千万不要因为吵架，伤了他的心。

后 记

絮絮叨叨十几万字，终于来到这本书的尾声阶段。也许写作之人，最憧憬的就是这个时刻。

有太多的话要说，有太多的思想要表达，有太多的情绪要宣泄。在前面的文章中，我尽力保持一颗理性平常的心，将一个个小故事娓娓道来。但总感觉还有很多内容想和读者分享，因此这些话都留在后记里。

这是一个信息爆炸的年代，微信公众号、朋友圈、微博等各类平台，为人们带来一场又一场信息的盛宴。《谁都没资格，轻易否定我》只能算是信息海洋中的一点浪花。既然大家的选择如此之多，为什么您还要破费几十块大洋来看我的这本拙作？

首先，这是一种缘分。茫茫人海中相遇是一种缘分，那么，您能在茫茫书海中与这本书相遇，亦是一种缘分。既然是缘分，那就要让您觉得这份相遇是值得的，不是在浪费您宝贵的生命。

那么这本书和其他励志类书籍有什么区别呢？都说这年头，最不缺的就是励志类图书。各大图书畅销榜上，长期占据前列的就是励志类图书。在实体书店最醒目的位置，也都能看到此类图书的身影。

黑格尔有句名言说："存在就是合理的。"每一种图书门类的存在，或多或少对于读者都有所裨益。励志类图书又名心灵鸡汤，对于很多处在迷茫期、困惑期的年轻人来说，不啻为一剂良药。尽管和某些经典类著作无法媲美，但它可以给年轻人力量、信心，同时提供一些观点上、思想上的支持。当然，也不能回避部分励志类图书的弊病：矫揉造作、故作深沉、观点片面偏激……

我们必须辩证地看待励志作品。他们会给你带来力量，也可能会产生误导，就看你如何从中去芜存菁，将精华留下来，将杂质过滤掉。

希望我的这本书，能留给您的是精华。

这本书中的很多事例，都是发生在我周围的真人真事，还有一些是我通过采访获得的第一手资料。真实、坦诚，这是我在平日里和别人交流的原则，也是我写文撰书的思想，相信大家能从字里行间中体会出来。通过这些访谈、交流，我从这些故事中提炼出一些观点。当然这些观点绝非那些深奥的哲学观点，毕竟这是一本通俗读物，还是希望用浅显易懂的文字，让您在会心一笑中领悟为人处世的妙境。

这是我的第八本书，第三本励志类著作，也许我的文字并不华丽，但是在这些朴实无华的叙述中，我传达着一份正能量。将这份正能量分享给大家，也希望得到读者诚恳的批评指正。

就此打住吧，期待今后能在更多作品中与您相遇。

嵇振颉

2018.5.17 作于上海